金商道

The positive thinker sees the invisible, feels the intangible, and achieves the impossible.

惟正向思考者，能察於未見，感於無形，達於人所不能。——佚名

大會計師教你

從財報看懂投資本質

首度寫給投資人的理財專書

Financial Statements

張明輝 著

華麗轉身，永續傳承

陳忠瑞　瑞展產經董事長

這是明輝兄的第三本書，前兩本都拿到「金書獎」，第三本書書名叫做《大會計師教你從財報看懂投資本質》，明輝以其深厚的會計知識，引申至投資本質，在我看來是知識的整合昇華到另一個境界，在我認識會計界的朋友中，唯有明輝做到這點。自從資誠所長退休後，我親眼目睹他的轉變，從到大學教學、到企業擔任獨立董事、寫書立言等等，開始他的華麗轉身、永續傳承的人生！

念經濟學系人稱手握水晶球，透視未來景氣；念會計系人稱手拿一把尺，量盡過去經營良窳。

退休後結合財報專長，鑽研投資

四大會計師事務所簽證上市櫃公司佔全體上市櫃公司的9成，其中有數百家上市櫃公司是資誠會計師事務所簽證的。為了避免觸法，資誠會計師事務所對所內會計師投資股票限制頗多，因此我這個高中同學張明輝任職資誠會計師事務所期間，很少涉及投資。但是他在退下所長之後，以其會計專業開始涉獵投資領域，短時間內如股匯債、ETF、特別股都有深入研究並付之執行，成果令人刮目相看！

俗話說，「你不理財、財不理你」；投資是一生事業。明輝退休後，憑藉著個人的財經知識，特別是過硬的會計與產業知識，開始研究投資，加上常和我們這群很多投資高手的狐群狗黨一起開會切磋，在對的道路上奔跑，很快就對投資有一番獨到的見解。

剛開始他經常打電話問我問題，我告訴他投資的三要素，一是正確的投資觀念，二是自己要有一個清晰且邏輯的投資架構，三就是徹底的執行力，以上三項缺一不可。以上三要素確實準備完成、加上隨著時間反覆練習，修為就會長進，最後修成得道高人，就不易受到外界任何人事物的影響，明輝快速累積經驗，應該很快就會修成投資界的高人。

財務輝映投資知識

如今，明輝以其豐富的財會學養，加上投資心得，寫成這本大作，教育讀者從各項財務指標，衡量各種產業的差異，從「損益表」推估企業未來的獲利情形，從「資產負債科目」推估公司未來獲利方向，從財務輝映投資知識，進而了解各類公司的本質，對我們有興趣的公司，做好底線（bottom line）的過濾，避免不小心買到煙屁股。

第三本大作完成，運用會計知識跨入投資領域，代表明輝的成功華麗轉身。投資是一生的事業，明輝從前半輩子會計師的斐然成就，再度入坑得道的永續投資人生，並著書傳承智慧，也傳承給廣大讀者和一個排球隊的子女！

現在明輝的生活，減少大部分無謂的應酬，兼了幾個獨立董事，持續貢獻他的專業，除了跟我們一群友人一起運動、旅遊之外，也努力研究股匯債的各種金融產品，以及產業和上市櫃公司的前景，僅希望好朋友成功「華麗轉身、永續傳承」，持續他的快意人生！

看懂財報是投資最重要的關鍵

張錫　國泰投信董事長

投資能力的培養是投資報酬率最高的行為，也是每個人都應具備的能力，不但可以增加財富累積的速度，更可以避免投資失利或是被詐騙的重大損失，讓自己及家人能有更好的生活品質。

股票投資雖然看起來很簡單，手機打開就可以下單也十分方便，但個股的表現差異卻很大，每個人投資報酬率也差距很大，尤其是喜歡聽明牌、不做功課的投資人，往往淪為被割韭菜的輸家；而財報數字是公司經營能力表現的成果，看懂財報絕對是投資股票勝負最重要的關鍵，誠如本書作者所言，股價反應主要是根據標的公司未來的可能獲利，如何從了解公司的資產及獲利品質來推估公司的預期獲利更是本書的重點。**投資對的公司，好的買賣點，就是成功投資的本質。**

適合基金經理人、投資人、上市櫃企業主閱讀

作者張明輝會計師曾任 PwC（資誠聯合會計事務所）的所長，有很豐富的業界實務經驗，本書用淺顯易懂的方式，並舉很多實例說明，教讀者如何從損益表、資產負債表及現金流量表來推估公司未來獲利的方向、品質、數字，也分享了財報隱藏的祕密（如 ROE 的重要性），同時也點出單看過去財報投資的盲點，另也有很多投資觀念的說明以及回答讀者提問等，相信對於讀者在擇股、擇時及目標價的判斷都很有幫助。相信本書不只是適合專業的機構法人的研究員及基金經理人，對於想精進投資能力的投資人，或是上市櫃公司的老闆們，都很值得一讀。

最後預祝大家都能成為投資的贏家，不再受通膨及退休準備不足的影響，都能享有更好的生活品質。

推薦序

台股武林祕笈

雷浩斯　價值投資者、財經作家

我很榮幸再度替大會計師張明輝老師的書寫推薦序。也因為這樣子才有機會認識張明輝老師本人、並且能直接互動和請益。每次見面的時候，都能感受到張老師溫文儒雅，對晚輩非常親切。但談起會計專業時，往往能提出一針見血的犀利批判，讓人受益良多。

財報是投資界的門票

會計是商業的語言，學會這一個語言你才能夠在投資界取得門票。很多人會認為投資很難，選股很難，看財報很難。但實際上沒有你想像中那麼難，認為很難的人，從來不願意自己下去執行。像這種狀況，我一位朋友說過一句名言：「想都是問題，做就是答案。」

當你開始動手執行的時候，問題就已經解決一半了。

拿我本人當例子，我非財經科系出身，財務報表和會計知識都是透過自修學會。雖然剛接觸的時候覺得進入障礙很高，但是專業不就是如此嗎？隨著時間過去，這些知識已經成為投資生活的一部分，一點都不難。知識慢慢累積，會有複利效果。而且知識複利的速度比財富複利還快。

過去我對財報還不熟悉的時候，分析起公司總是很花時間。但是現在分析的速度越來越快，也比以往更能抓到重點。投資生涯二十多年來我看過幾百幾千份財報，這些「知識複利」都累積在自己大腦的資料庫中，成為專業投資人的競爭優勢。

閱讀財報對投資人而言無與倫比重要，股神巴菲特 (Warren Buffett) 曾經說過：我是 S&P 500 指數執行長唯一看完旗下子公司所有財報的人。

如果你立志成為一個真正優秀的投資人，那就應該這樣做。

但是一般投資人不是對財報不求甚解，就是輕忽財報的重要性。因此對企業的一些營運活動有過度不安或負面的解讀，同時對新聞媒體所發出的消息感到不安，所以追高殺底的情況就會發生。另外，在學習財報知識上，倘若你看的是會計教科書，雖然能幫你打好基礎，卻沒辦法在台股上結合實例應用。

本書兼具知識與實務應用，我最重視的章節在第 2 章到第 5 章；第 2 章從「損益表」推估企業獲利，除了介紹「損益表」的基本知識之外，還分析了不同產業的商業模式為報表帶來的影響，以及如何推估未來的企業獲利；第 3 章介紹「資產負債表」上的重要科目，存貨應收帳款和商譽，還有很多人會關注的合約負債。並且詳細的觀察的方向、檢定的方法；第 4 章介紹「現金流量表」，其中自由現金流量為最重要的要素，也是企業內在價值所在。第 5 章則補充說明一般人不易了解的財報細節。

投資助我翻身

回想大學剛接觸股票，畢業後的流浪教師生涯，以及產業低薪的困境。如果當時不是我立志於成為投資人，堅持學習投資的知識，要不然我現在很可能還必須省吃儉用的過日子。

隨著時間過去，我也從年輕人變成中年人，成為資深財經作家，能夠手頭寬裕的過日子。正是因為我懂投資，才有辦法讓我的人生翻身。

所以，任何一個年輕人都應該要學會股票投資，如果你不理解投資的本質、這個世界的商業模式和金錢遊戲，你很有可能被惡劣的通貨膨脹吃得死死的。

如何正確的學會財報知識和投資？我可以推薦三本書給您，就是大會計師系列的第一本書、第二本書以及第三本書。熟讀這三本書，你就擁有了台股武林祕笈，讓你在股市這個獲利與風險兼具的地方，取得自己的人生自主權。

推薦序

投資的最後一哩路：精準的推估能力

股人阿勳　價值投資人

如果你是主動投資人，了解特定公司的結構性獲利能力是選股的重要先決條件之一，但距離成功的投資，還缺了一項重要條件，「就是即便是好股，還是需用合理的價格買入。」

從歷史經驗來看，用過高的價格買進優良企業，從長遠的角度來看，可能造成的損失更多，這類型公司多數是投資人極其看好且獲利表現亮眼的公司，但一旦逢高進場，股價不幸下跌了，往往一瞬間就會造成投資人 30~50% 的損失，這就是市場最常見的價格風險。

張明輝老師的第一本書《大會計師教你從財報數字看懂經營本質》，教導讀者如何透過財報數字，看出企業的獲利結構與商業模式，從茫茫股海中找出績優的公司；第二本書《大會計師教你從財報數字看懂產業本質》，幫助讀者可以更清楚不同產業財報數字的優劣標準，掌握最正確的投資觀念，這兩本書都是教投資人如何「擇股」。

財報是了解企業體質的重要工具

此次是張明輝老師「大會計師」系列的第三本鉅作，教導讀者如何透過財報中的結構性獲利能力加上各種資訊，去推斷企業的合理目標價，可謂完成投資的最後一哩路。

「單憑企業財報的獲利數字做投資決策是最傻的！」這是張明輝老師在此書第 1 章就提及的概念。財報所提供是過去的獲利數字，而股價反應的是公司未來的預期獲利。既然如此，投資為什麼要看財報？其實小到個人，大到企業，正確閱讀財報都非常的重要，財報不只是一張數字報表，還是經營狀況的重要體現。

對企業經營者來說，財報是企業內部管理的重要工具，有助於企業制定相應的經營策略和措施，也是與外界溝通的重要渠道。一位傑出的企業經營者，能透過正確解讀財報數字，洞察目前公司的盲點與問題，提高企業獲利力及競爭力。

對市場投資人而言，讀懂財報背後傳遞的資訊，能明瞭公司的經營本質與獲利結構，了解其商業模式是否具有競爭力，進而估算出這家公司的投資價值。對經營者與投資人來說，財報都是了解企業財務狀況、制定決策的重要工具。

精準的推估合理目標價

財務報表雖然是了解企業財務狀況的重要工具，但也存在一些限制。首先，財務報表只能反映過去的經營情況，對未來的經營情況沒有預測作用；其次，財務報表只能反映企業的當下淨值，無法反映企業當下股價的昂貴或便宜。

實務投資時，當我們選好股，並且認為來到買進或賣出時間時，還有一件事要注意，就是不能買得太貴或是賣得太便宜，也就是交易價格要合理，但歷史財報並不會告訴我們當前股價是否合理。

張明輝老師在書中說：「股價是獵狗的話，預期獲利就是香噴噴的獵物，預期獲利跑到哪裡，獵狗就追到哪裡！」預期獲利那裡來？就是解讀過往財報資訊，加計相關資訊推估而得，其中，具備精準的推估能力是成功獲利的前提。

大多數個股的合理價大多以其未來的獲利能力來推估的，如何藉由財報了解標的公司的結構性獲利能力、未來的獲利走向，結合自身的判斷能力，獨立推算出合理目標價，是張明輝老師想透過這本書傳遞給讀者的核心知識。

如果你已經看過「大會計師」系列的前兩本書，那這本同樣不容錯過，書中張明輝老師除了分享如何推估合理價以外，還分享「一般人不易察覺的財報祕密」（本書第 5 章）與「回答讀者常見的提問」（本書第 6 章），是我看過含金量最高的財報書籍，沒有之一！

大會計師教你

從財報看懂投資本質

Contents

目 錄

CH 1 財報與投資知識

CH 2 從「損益表」推估企業未來獲利情形

大會計師教你
從財報看懂投資本質

Contents

目 錄

CH 6　回答讀者提問

作者序

看懂投資本質，不讓通膨及退休金縮減影響財富

《商業周刊》出版部門的朋友們一直告訴我，人生要寫 3 本書才算圓滿。我不太了解寫 3 本書的邏輯在那裡，但 4 年前我的確動了寫第 3 本書的想法。直到有一位為我新書發表會站台的好友看到，出席新書發表會的幾百位讀者大多是年輕人，他告訴我，他覺得年輕人的本分應該好好讀書、好好工作，而不是研究投資，這樣才是正途，對國家與社會發展也會比較好。於是我遲疑了！

但另一方面，過去這 3 年來，全球嚴重通膨，讓很多人的生活品質嚴重下滑，特別是未妥善理財的退休者。這一波通膨雖然正在逐漸緩和中，但是全球供應鏈的解構、戰爭、大國競爭策略與肆無忌憚的美元隨時可能讓全球通膨反覆出現。此外存在嚴重瑕疵的我國退休金制度，正在讓紀律不錯的政府財政逐漸走入深

淵。解救存在瑕疵的退休金制度涉及各方利益與政黨競爭，短期內應該不會有適當的解決方法。即使有解決方法，應該只是財政補貼或是對退休金制度與給付的微調，當財政補貼以及微調也難以為繼時，就是退休金制度改革以及給付縮減的正式開始了。

無論是通膨還是退休金制度的調整，對於年輕人和不善理財者都是不利的！這些都讓我鼓起勇氣寫第 3 本書。

關於本書

財報知識是多項投資知識中的一項。股價反應的主要是標的公司未來的可能獲利，只有最傻的人會根據財報的歷史性獲利數據去決定投資與否。本書內容首先是教讀者學會化繁為簡閱讀財報，接著透過介紹一些產業的商業／獲利模式，教讀者怎麼了解標的公司的結構性獲利能力，當讀者從各種管道獲悉投資資訊時，可以根據資訊與標的公司的結構性獲利能力去推估預期獲利，供個人投資參考之用。

此外，本書還教讀者如何了解標的公司的資產品質、獲利品質以及各種微妙情境等對未來獲利的影響程度與影響時間。祈望藉此可以增進讀者的投資能力以及財富增長速度，避免個人及家庭生活在未來因為財富被通膨侵蝕以及退休金縮減的影響。

張明輝

2024.09

通膨與投資

在 Covid19 進入尾聲的 2022 年，全球最主要的經濟事件是通膨再起，並且持續到 2024 年下半年才逐漸消緩下去。這波通膨最嚴重的地區雖然是在美國及歐洲，但是台灣的物價，諸如能源、食品、汽車、與人力有關之相關行業服務費、房租及房價也漲了很多。依照政府的統計及預計，2022 及 2023 年台灣的消費者物價指數（CPI）年增率均上漲 2.71%，2024 年通膨率也很難低於 2.5%。

歷史經驗告訴我們，當較大的通膨起來後，通常要花費數年才能把它打下去。即便把通膨壓下去了，已經漲起來的整體平均物價也不會降回去。

另一方面，疫情前全球數十年低通膨的經濟結構正在消失中。全球過去數十年來低通膨的經濟結構主要歸功於美國推動貿易全球化政策，以及中國成為世界工廠。前者讓個別物品得以在全球這項物品生產成本加計運輸成本最低的地方生產，後者因為擁有充足且勤奮的勞動人口，相對較低的工資，讓全球物價維持數十年的穩定。但是全球化政策及世界工廠相輔相成的經濟結構，因為美國與中國之間的博奕，開始解構，並逐漸形成「一個世界、兩個系統」。以致包含台商在內的全球企業正逐漸將全部或部份工廠從中國搬遷到美國、日本、墨西哥、東南亞及印度。非經濟層面考量的供應鏈搬遷，無疑的將會提高生產成本。

此外全球推動環保及降低溫室氣體，特別是台灣，也正在逐漸提高能源成本。推動環保及降低溫室氣體排放量是功在千秋的政策，這當然是正確的，也是必須推動的政策！但是除非科技有突破性發展，並且能在短期內商業化，否則無論是風力還是太陽能發電的綜合成本都遠高於火力發電。

最後，通膨最大的主力其實來自政治問題，例如 1970 年代，因為以阿戰爭以及伊朗伊斯蘭革命造成兩次石油危機，導致 1970 年代全球經濟成長停滯外加劇烈通膨。以我國為例，從 1973 年初到 1980 年初，這 7 年來我國的消費者物價指數共漲了 138%。再如這一波的全球通膨，剛開始是由供應鏈斷裂引起，復因俄烏戰爭導致全球糧食及能源價格上漲而加劇，甚至於美國拜登（Joe Biden）上任後，他推動的 5~6 兆美元的各項建設及補貼對美國的通膨亦「功不可沒」。

展望未來，美國國債破表，加上美國聯準會（FED）的貨幣政策，美國前財長約翰．康納利（John Connally）的世界名言「美元是我們的貨幣，但可能是你們的問題」（The dollar is our currency, but your problem.），預示著美國貨幣與財政政策會持續輸出通膨，而全球地緣政治問題牽動著全球糧食、能源以及生產成本，全球通膨或許會短暫消停，但終將再起。

通膨對窮人、退休者及不善理財者的負面影響較大

通膨來襲時，無論是窮人與富人都躲不過飛漲物價的衝擊。但是窮人與富人面對通膨的衝擊與感受是不同的。通常而言，**窮人**因為所得低，其多數的所得會花在購買民生必需品上，而富人因為所得高，花在購買民生必需品的所得比例會較低。此外窮人購買的物品品牌價格往往比較低廉，低廉的價格意味著其價格更接近物品的原始成本，當成本墊高時，這些物品因為利潤不及高端品牌，廉價物品價格上漲的速度通常會較高端品牌更高。

例如一個成本 200 元的皮包賣 400 元，才能賺取 50% 的毛利，當原料上漲 20 元時，廉價皮包要賣 440 元才能維持既有的 50% 利潤，這個上漲幅度對消費者而言是上漲了 10%（〔440

/ 400〕–1）。另一方面，一個成本 5,000 元的高檔皮包要賣 20,000 元，才能賺取 75% 的毛利，當原料成本上漲 200 元（假設原料成本是廉價皮包的 10 倍）時，高檔皮包只要賣 20,800 元就能維持既有的 75% 利潤，這個上漲幅度對消費者而言才上漲了 4%。（〔20,800 / 20,000〕–1）。**所以通膨對窮人的衝擊較大，對富人的衝擊較小。**

通膨對於**退休者**的衝擊會遠高於工作者。工作者在通膨初期時雖然會感到痛苦，但是伴隨而來的薪資調漲通常可以抵銷部份或全部物價上漲對其的影響。甚至於對於身負貸款的工作者，例如背負房貸者，每次伴隨通膨而來的薪資調漲，會讓背負固定貸款金額工作者的實質負債不斷下降。但是對於退休者，因為缺乏所得調整機制，例如其儲蓄無法隨通貨膨脹率增加，每一次通膨的來襲都會降低只有固定收入退休者的實質購買力。其實即便沒有高通膨情事發生，每年物價的輕微上漲都在逐漸降低退休者的實質購買力。

通膨下的另一類受害者是不善理財者，特別是**不善理財的年輕人**。不善理財的年輕人即便是每個月都有儲蓄，只要他總儲蓄金額的年報酬率低於物價漲幅，就表示他累積的財富每年都在被通膨吃掉部份購買力，輕則延後退休年紀，重則一輩子都很難退休或是退休後成為後代的負擔。請試著思考看看，在現代的社會倫理與思想下，有多少年輕人會願意無怨無悔的孝順及奉養已無賺錢能力的長輩？

所以任何人，不論是上班族還是退休人士都要注意理財投資，累積足夠財富，並且要隨時注意避免累積的財富被通膨侵蝕購買力，以免落得年老時，越活越痛苦的困境！

單靠政府退休金將難以支應退休後生活

全球各地的政府，不管是專制政府還是民主政府，不管這些政府是哪個政黨在執政，通常都是大手大腳花錢的政府。為什麼？因為為了確保政權，執政的政黨都需要討好人民。為了討好人民，每個政黨上台執政時當然要努力施政，而施政時期灑錢更是不可少的措施之一。這可以從疫情期間全世界政府漫天灑錢看出來，例如為了振興被疫情輾壓的經濟，美國前總統川普（Donald Trump）及拜登先後推出數兆美元的大灑幣補助，我國政府因應疫情也灑了 8,400 億元。這導致大部份國家每年的政府支出通常會大過收入，於是各國政府的公債（借款）餘額大多越來越高。例如美國公共負債已於 2024 年年中已經突破 35 兆美元。我國中央政府截至 2023 年 12 月止，累積的債務也達 6 兆 5,134 億元，不過這個債務金額和 GDP 總額是台灣 36 倍的美國相比，可看出我們的國債／ GDP 比率相當低，也顯示政府的財政紀律相當好。

但是令人擔憂的是，我國諸項退休金制度的設計一開始，就存在設計的「保費費率偏低」以及「人口結構假設失真」兩大重大瑕疵。以致截至 2023 年 12 月止中央政府等同負有保證責任的各種保險金差額達 16 兆 3,829 億元。這個數字加上前述中央政府「有入帳的」6 兆多債務，兩者相加合計數達 22 兆 8,963 億元，已經是政府 2024 年 2 兆 7,092 億預算歲入數的 8.4 倍有餘，甚至貼近行政院主計總處公布台灣 2023 年 23 兆 5,509 億元的 GDP 總額了。更另人擔憂的是除非修改退休金制度，否則前述退休金差額每年應該都會以數千億元的速度增加。

不健全的退休金制度最後可能會拖垮政府財政，以致無力支應退休者的退休金。解決不健全退休金制度最正確的辦法是**修改退休金給付辦法，從根本面降低退休金給付**。但這個辦法除非各政黨有共識，否則對於執政黨而言，絕對是取死之道。

第二個辦法是透過國家生產力增加，國民所得提升，讓政府有能力永遠不斷補貼不健全的退休給付制度。可是執政黨為了能夠繼續執政，通常必須主動，或因為反對黨的「惠民政策」壓力而被動的，加碼灑錢來滿足人民各方面的需求。所以這看似最可行的解決方法，除非是揚棄「大有為政府」政策的政黨長期執政，否則隨著政府支出繼續超負荷增加，這個方法放諸於世，幾乎是「實務上」不可行的解決方法。

第三個解決不健全退休金制度的辦法是，用小幅改善或是透

過掩飾的方式拖延問題。拖到什麼時候？拖到執政黨卸任後！至於新上任者如何解套？答案還是小幅改善或是透過掩飾加以拖延！拖延到什麼時候？拖延到拖不下去為止！如何小幅改善？例如每年由國庫提撥一定金額去暫時縮小退休基金不足的黑洞，例如政府未來可以規定法定退休年紀延長至 67 歲，且年滿 67 歲才能開始請領退休金以減少退休金給付（編按：現勞保法規定退休年紀為 65 歲）；例如停止退休金給付隨通膨指數調高措施（這個或許會有較大幅度改善）；如何掩飾？財政紀律不嚴的歐豬五國[1]被認為是最善此道的政府，例如假設為了移用修建高速公路的經費去填補退休金給付的黑洞，政府可以支出 100 億元設立一個公司，然後再透過這家公司向銀行借 1,900 億元，合計 2,000 億元去修建一條看似要收費但不足收回建造費用的高速公路，因為這 1,900 億元的借款帳列在這家國營公司裡，這 1,900 億元的支出就不會出現在政府的年度支出中，當然也不會出現在政府舉債統計中。如果政府樂此不疲玩這種不會出現在政府歲出的遊戲，久了遲早就會出事，畢竟出來玩遲早總是要還的！ 2012 至 2016 年希臘、義大利、西班牙等政府財政出現危機，甚至幾乎破產的情事，就是這樣被玩壞的。

當希臘、義大利、西班牙等政府出現財政危機時，是以大減

---

[1] 歐豬五國（PIIGS）通常指葡萄牙（Portugal）、義大利（Italy）、愛爾蘭（Ireland）、希臘（Greece）及西班牙（Spain）。

財政支出，例如大砍退休者的退休金、大降政府及國營事業從業人員薪資及福利，並大漲各項稅負及規費等方法來緩解政府財政問題的。**以我國的經濟實力及財政紀律，應該不會像歐豬這幾國這麼糟，但在未來退休金給付以某些方式縮水應該是必然的。**

學習正確投資才能對抗通膨及退休金不足

通膨以及退休金縮水主要受害者會是年輕人和不善理財以致財富被通膨侵蝕購買力的倒楣者。為了對抗通膨及退休金縮水，最佳的方法是學習正確投資方法，以確保自身財富不被通膨侵蝕購買力，甚至不斷增值。

重點

1. 通膨會侵蝕存款的購買力，退休金未來可能會被刪減，越年輕的人越不適合在退休後，只單靠政府發給的退休金過退休生活。
2. 除非自身財富已經極為豐厚，否則應該努力去學習正確投資觀念及方法，並付諸實施。
3. 學習正確投資觀念及方法，越早越好。
4. 為了抵消通膨及退休金縮水的影響，個人累積的財富每年最起碼要有通膨率＋2% 水準的增長。

CHAPTER

1

財報與投資知識

如果股價是獵狗的話，預期獲利就是香噴噴的獵物，

預期獲利跑到哪裡，獵狗就追到哪裡！

預期獲利可以根據歷史性財報中的

結構性獲利能力加上各種資訊，推估而來。

具備精準的推估能力是投資獲利的前提

從事任何活動一定要把握好該項活動的訣竅，例如打高爾夫球要把握好「方向和距離」，才能逐漸的把球推進遠方的球洞裡。投資股票勝利的訣竅就是「買低賣高」，哪怕是買股票的原意是賺取股利。因為股票買的價格若不夠低，就不會有好的股利報酬，例如以每股 1,000 元買進台積電的股利報酬率只有 1.6%（16 元股利／ 1,000 元），這個報酬率都不夠填通膨的牙縫。另一方面，賣掉股票時若價格不夠高，就是把所有賺到的股利都搭進去，可能都不夠填投資虧損的金額。例如萬一台積電 2 年後的股價只剩 950 元，不考慮交易成本及所得稅影響數下，投資人賣出時會產生損失 18 元（950 元賣價＋ 32 元股利－ 1,000 元買價）。「買低賣高」的觀念即便是放在放空股票，也依然適用。因為放空股票的觀念還是來自「低買高賣」基本精神的變化與運用而已。但是**這個「買低賣高」觀念，若沒有輔助判斷股票目標價的知識，其實一點用也沒有。**

盡可能學習判斷股價高低的相應知識

無論多厲害的高手，都不可能百戰百勝，否則這個人早就成為世界首富了！即便是投資人的偶像，曾經的世界首富股神華倫·巴菲特也不是百戰百勝，充其量是勝率高於一般人！投資人要提高投資勝率，我以為最好充實如表 1-1 所列出的投資相應知識：

表 1-1　投資股市的相關知識與重要性

包括但不限於：
1. 基本面（政經環境、產業環境）
2. 個股狀況（結構性獲利能力、訊息、財報）
3. 目標價
4. 籌碼面（法人、散戶）
5. 心理面（群眾、自己）
6. 線型

資料來源：作者整理

以上的任何一項知識都非常重要，都值得我們努力去學習，但本書重點是如何善用財報知識進行投資，我們就把重點放在財報上。

財務報表在投資中的角色

財務報表對於投資非常重要，同時也非常不重要。我們先講財報不重要，**股價基本上是反應標的公司未來的預期獲利**，股價與預期獲利不匹配時，就會上漲或下跌。例如 CoWoS 設備概念股之一的均華，其股價從 2024 年 2 月起漲，截至 2024 年 8 月 16 日收盤價已經漲到 858 元了。相對於 2024 年上半年度 7.2 元的每股盈餘（EPS）來說，這股價真的很高！股價之所以這麼高是市場預期 CoWoS 產能嚴重不足，該公司未來數年獲利將會巨幅成長，依這個預期獲利成長幅度，股價甚至有上攻 1,000 元的實力。這個例子很明顯的告訴我們，**股價反應的是未來的預期獲利，不是財報所提供的過去獲利數字**。為什麼財報上的數字是過去的數字？請問讀者有看過某企業「未來」的財務報表嗎？例如今天是 2024 年 8 月 16 日，讀者能看到的最近一期財報是 2024 年第 2 季財報，可是當 2024 年第 2 季財報面世時，2024 年第 2 季早已結束。

- 每股獲利能力（EPS, Earnings per share）

  EPS ＝稅後淨利／在外流通普通股股數

所以**單憑企業財報的獲利數字做投資決策是最傻的！**因為這就像沒有經過調查，就一廂情願的認為初戀情人的容貌與身材一定會和當年的他／她一樣，這不靠譜吧！分析投資人投資失敗有很大的比例是他們基於小心謹慎原則，獲得消息面資訊時會經過一番冗長查證，確認消息有一定可信度時才入場，這個查證很大一部份就是財報獲利數字，然後就會發現投資後股價漲幅不如預期，甚至買在最高點附近。這是因為那時的股價大多已經反映實際獲利了，除非財報上的實際獲利數比預期獲利數還高，市場驚喜萬分，讓股價可以繼續漲，否則股價往往不是靜止不動，就是下跌來反應實際獲利數低於預期獲利數。

再來講財報很重要，**如果股價是獵狗的話，預期獲利就是香噴噴的獵物，預期獲利跑到哪裡，獵狗就追到哪裡！**預期獲利那裡來？**預期獲利是根據歷史性財報中的結構性獲利能力加上各種資訊，例如接獲大訂單，推估而來。**

例如文曄在 2023 年決議併購加拿大電子通路商 Future Electronics，若依照雙方 2022 年及 2023 年的財務數據，這項併購可為文曄增加之利益，在扣掉無形資產攤提、利息費用及所得稅費用後，預計 EPS 可以增加約 5 元以上，這數字頓時讓股價漲了不少。

再如 2024 年 6 月一樣拿到 AI 伺服器大單的鴻海與廣達，因為鴻海的營收太大了，2023 年營收將近廣達的 6 倍，根據兩者 2023 年的財報加以推算，這張大單對鴻海 EPS 的影響小於廣達，所以股價漲幅就小於廣達了。我們可以說歷史性財務數據是預期未來獲利的推算基礎。**預期獲利主要是根據企業財報中所顯示的結構性獲利能力，加計相關資訊推估而得。**

甚至於**財報中還會包含一些不經過分析不知道的祕密，聰明的投資人可以根據這些祕密比別人早知道公司未來的發展狀況。**

- 股東權益報酬率（ROE, Return On Equity）

  ROE ＝稅後淨利／股東權益

從財報中推估出投資 3 關鍵：擇股、擇時、目標價

1. 擇股

投資人會因為年紀、專長、熟悉度、思惟以及周遭朋友的影響等因素，對特定族群股票有不同的偏好，例如有人喜歡獲利穩定的股票，有人喜歡高股息股票，有人喜歡高成長股票，有人喜歡半導體供應鏈的股票，甚至有人特別喜歡消息面股票。

無論您喜歡那一支股票，最好要了解所喜歡股票的產業狀況、商業模式、甚至最新訊息，並且將些「知識」融入這支股票財報所顯示的結構性獲利能力中，以推估其未來獲利情形，才能提高勝率。可以說**了解特定公司的結構性獲利能力是擇股的重要先決條件之一**。例如表 1-2 所示：中租 -KY 是台灣第一大租賃公司，中租歷年來無論從營收成長、EPS 以及股息配發率都是好

公司。那到底中租值不值得買呢？

從財報的角度來分析，中租營業收入主要來自放款給承租（設備、交通工具等）人收取的利息收入，營業成本主要是來自向銀行借款或發行公司債所必須支付的利息支出，換句話說「營業毛利」主要是借貸利率間的利差。「營業費用」除了與「營業收入」呈比較穩定比率關係的推銷及管理費用（約 18%~19%）外，還有金額很高的「預期信用減損」（白話文就是預估呆帳損失）。由於租賃業大部份放款利率是固定的，向銀行借款的利率大部份是浮動的，**當央行直接或間接升息時會讓營業成本增加，而傷及一定期間內的毛利率，反之當央行直接或間接調降利率時，一定期間內的毛利率就會提升。另一方面當景氣下滑時放款發生呆帳的機率就會增加，反之當景氣變好時，呆帳費用就會降低。呆帳費用的評估非常重要，因為一旦發生呆帳，所損失的金額不是 10% 左右的利息收入，而是本金！本金！本金！**

所以當我們要投資租賃業時，不管是中租、和潤還是裕融，除了要注意營收成長情形外，還要特別注意央行的利率政策以及景氣變化。從表 1-2 可以看出 2023 年以來由於全球景氣不佳，績優公司中租無論是營收成長率、毛利率、呆帳率以及 EPS 的表現都不如以往。此外從表 1-3 可以看出放款（應收款項）的備抵呆帳覆蓋率雖然提高了，但是放款金額中比較危險的逾期、列管及延滯案件的備抵呆帳覆蓋率卻降低了！這表示績優公司中

租 -KY 的獲利前景尚待觀察。

表 1-2　中租 2023 年以來表現不如預期

單位：億元

指標	2024 上半年	2023 下半年	2023 上半年
營收	507	502	473
毛利率	66.3%	66.5%	67.1%
推銷及管理費用率	17.9%	18.3%	18.9%
預期信用減損（呆帳）率	17.8%	16.5%	14.1%
稅後淨利	126	123	137
EPS（元）	7.08	7.56	7.59

資料來源：作者整理

表 1-3　中租放款品質

單位：億元

	2024.6.30	2023.12.31	2023.6.30
正常案件金額 A	7,024	6,980	6,660
逾期及列管案件金額 B	167	133	116
延滯案件金額 C	261	234	206
應收款項總額 A + B + C = D	7,452	7,347	6,983
逾期、列管及延滯案件總額 B + C = E	428	367	322
備抵呆帳 F	187	177	158
應收款項總額覆蓋率 F / D	2.51%	2.41%	2.26%
逾期、列管及延滯案件覆蓋率 F / E	43.69%	48.23%	49.07%

資料來源：作者整理

2. 擇時

買股最大的痛苦是千金難買早知道！其實選擇買入或賣出時點的知識全在表 1-1 所列示的投資知識中。但本書的重點是如何善用財報知識進行投資，我們就把重點放在財報上。**以財報的觀點，我們應該透過分析企業的結構性獲利能力，在企業獲利能力衰退之前迅速拋掉持股，在企業獲利能力提高之前購入股票。**

以前述的中租 -KY 為例，如果您研讀過中租的財報，了解呆帳損失占租賃業損益表的費用比率非常高，以及中租超過 45% 的業務來自中國以及東協的話，就會知道要在中國及東協這一波景氣衰退初臨時，及早逃到南極去避難！

另一方面租賃業現在值不值得入場？我們還是以中租 -KY 為例，鑑於美國聯準會已經開始降息，租賃業毛利率不久後應該可以持平甚至上升了，但是鑑於中租 -KY 逾期、列管及延滯案件金額還在增加，其備抵呆帳覆蓋率又低於往年，所以我會看中租已經被列為「高風險放款案件」的金額變化以及「備抵呆帳覆蓋率」何時回復往年水準，或是中租的股價是否低於合理價 10% 以上。

有關運用財報去選擇進出場的案例很多，我們會在後面的章節加以解說。以下來談談股票的合理價。

3. 目標價 / 合理價

當我們選好股，並且認為來到買進或賣出時間時，還有一件事要注意，就是不能買得太貴或是賣得太便宜，也就是交易價格要合理。問題是合理價格怎麼來的？**中大型公司的合理價往往由外資或大型券商出具的研究報告來推動及促成**，小型公司則倚賴大戶或做手來推動及促成。大戶或做手本書暫且不談。我們來談外資或大型券商是如何估算出合理價。

大多數個股的合理價大多以其未來的每股獲利能力（EPS）乘以本益比倍數（PE）來推估的。但問題是未來的獲利能力怎麼求得？面對這個難題，證券分析師通常是透過其專業知識（所以很多知名證券分析師是理工背景加上大型公司的工作經驗），以及拜訪公司所獲得的訊息，依公司的結構性獲利能力概算出未來 EPS。這個數字還會隨著產業變化而改變，所以實務上研究報告會在公司月營收或季報成績與預期有顯著差異，公司法說會中透露出的新資訊等，加以更新。另外**實務上前半年的研究報告通常會以當年度預估 EPS 來訂定目標價，過了半年度，從 7 月 1 日起就會改以次年度預估 EPS 去訂定目標價。如果很有把握未來的 EPS 會逐年顯著成長，甚至可能會用兩年後的 EPS 取代次年度的 EPS。**

・本益比（PE, Price-to-Earning Ratio）

PE ＝ Price / Earnings

＝每股市價／每股獲利能力（EPS）

有關 EPS 如何推估，將會在第 2 章演示給讀者看。

本益比是指股價是 EPS 的幾倍。不同的產業、公司營收成長率、股息配發率、專利或技術能力、銀行利率高低、政經氛圍等都會影響個股的本益比。以租賃業為例，鑑於中租的營收成長率下滑、海外放款風險提高、加上近期要辦理增資，所以 2024 年上半年雖然 EPS 高達 7.08 元，2024 年 9 月 6 日的收盤價只有 143.5 元，以 2024 年獲利所推算的本益比只有 10 倍左右。再以和潤為例，和潤的規模不及中租，但近年來的營收成長率一直高於中租、業務大部份在台灣、高風險放款的備抵呆帳覆蓋率也高於中租，其 2024 年上半年度的 EPS 雖然只有 2.53 元，但 2024 年 9 月 6 日的收盤價達到 96.2 元，以 2024 年獲利所推算的本益比在 19 倍左右。至於中租和和潤的價格合不合理？筆者認為除非中租發生巨額呆帳損失，143.5 元應該是便宜的價格！和潤如果不能擺脫 2024 年逐漸下降的營故成長率，96.2 元的股價可能接近短期的高點位置。

再以台積電為例，因為 3 奈米製程獨步全球，CoWoS 製程迄今無人能夠完整代工，加上 2 奈米部份幾乎全部的重量級 IC 設計公司及雲端服務供應商（CSP）都將設計稿交付台積電（tape out），台積電的 EPS 及本益比因而被不斷地提高。例如依照元大投顧 2024 年 7 月 5 日的報告，台積電的目標價為 1,220 元，這個目標價是以 23 倍的本益比（1,220 元 /53 元〔2025 年預估 EPS〕）設定的。如表 1-4，外資的目標價也大抵類似。

表 1-4　外資圈看台積電的目標價

台積電 2024 年第 2 季法說會後，外資給出之目標價　　單位：元

花旗	1,500	海通	1,290
匯豐	1,410	美銀	1,200
野村	1,330	大和	1,135
高盛	1,230	瑞銀	1,120
摩根士丹利	1,220	摩根大通	1,080

資料來源：作者整理

另一方面，在運用研究報告了解目標價或者合理價時，宜謹記兩個重點，首先股價通常很難突破目標價，這是因為大家都擔心會是最後一棒而套牢，為了避免套牢，很多人的做法是留個 10% 的空間給藝高人膽大的人去賺。股價想要突破目標價，要嘛被規模日益龐大的被動型基金列為成分股，然後被機械性的進場買入，要嘛有獲悉利多資訊的法人或做手進場拉抬，要嘛有新

的研究報告提高目標價。

其次，分析師們雖然有專業、有資訊管道，但他們畢竟也是人，所以當景氣過熱（景氣出現數顆紅燈或是股價指數漲多）時，就不要太依賴研究報告了，因為歷史經驗顯示，當景氣過熱以致股價出現大幅回檔之前，調升目標價的研究報告數量通常還是多於調低目標價的研究報告數量。投資切記！

再建議一次，對於產業及個股本益比不熟的讀者，建議讀者可以多看看證券分析師的研究報告來充實自己。研究報告可以找券商拿，如果拿不到或是數量太少，不妨更換下單券商。

以下幾章，我會教大家如何運用財報去預估未來的獲利狀況，以供讀者擇股、判斷進出場時間以及決定目標價之用。

一、了解公司的結構性獲利能力（見第 2 章）

二、根據公司訊息與結構性獲利能力去推估未來獲利狀況（見第 2、3 章）

三、從現金流以及其他細微處偵測影響公司未來獲利及股價的變數（見第 4、5、6 章）

重點

1. 天道酬勤，提高投資勝率最好的方法是學得諸多投資知識，設法搜集個股資訊，培養自己的投資經驗與心理素質。

2. 研讀財報的目的在於：

 ⑴了解標的公司的結構性獲利能力，再配合獲悉的資訊去推估未來的獲利情形。

 ⑵從細微處偵知影響公司未來獲利的潛在變數，進而比別人更早做出決策。

CHAPTER

2

從「損益表」推估企業未來的獲利情形

本章介紹損益表的基本架構，

接著讓讀者學會透過損益表了解「產業的獲利模式」，

最後再以微觀的角度去解析「個別企業」的結構性獲利能力。

股價反應的是企業未來可能的獲利數字，不是企業過去的獲利數字。所以根據企業損益表所呈現的實際獲利數字去做投資決策的人是最傻的！**正確的做法應該是根據企業損益表所呈現的結構性獲利能力，配合政經情事、產業動態、個股資訊等，去推估（predict）標的公司未來可能的獲利數字才對。**

第一節：損益表的基本架構

損益表就是表達企業「如何賺錢」以及「賺了多少錢」的報表，如果說損益表是投資人最關切的財務報表也不為過。我們先介紹損益表的基本架構，接著讓讀者學會：透過損益表了解產業的獲利模式，最後再以微觀的角度去解析個別企業的結構性獲利能力。

損益表的重要科目包括❶營業收入、❷營業成本、❸營業毛利。營業毛利之下會有❹營業費用。營業費用又拆成 3 個主要科目接著便是❺研究發展費用、❻管理費用、❼行（推）銷費用。接著便是❽營業淨利。

此外還有與公司本業經營無直接因果關係的❾營業外收入及支出，以及❿稅前淨利、⓫本期所得稅、⓬稅後淨利、大部分人搞不懂的⓭其他綜合損益及⓮綜合損益總額，最後是常被忽視的⑮淨利歸屬母公司業主（金額）。以下我們以台積電的 2023 年合併綜合損益表分項說明之。

表 2-1　台積電 2023 年合併綜合損益表（摘要）

會計項目	2023 年度		2022 年度	
單位：仟元	金額	%	金額	%
❶營業收入淨額	**$2,161,735,841**	**100**	**$2,263,891,292**	**100**
❷營業成本	**986,625,213**	**46**	**915,536,486**	**40**
❸營業毛利	**1,175,110,628**	**54**	**1,348,354,806**	**60**
❹營業費用				
❺研究發展費用	**182,370,170**	**8**	**163,262,208**	**7**
❻管理費用	**60,872,841**	**3**	**53,524,898**	**2**
❼行銷費用	**10,590,705**	**-**	**9,920,446**	**1**
合　計	**253,833,716**	**11**	**226,707,552**	**10**
其他營業收益及費損淨額	188,694	-	(368,403)	-
❽營業淨利	**921,465,606**	**43**	**1,121,278,851**	**50**
❾營業外收入及支出				
採用權益法認列之關聯企業損益份額	4,655,098	-	7,798,359	-
利息收入	60,293,901	3	22,422,209	1
其他收入	479,984	-	947,697	-
外幣兌換損益（損）	(2,685,484)	-	4,505,784	-
財務成本	(11,999,360)	(1)	(11,749,984)	-
其他利益及損失淨額	6,961,579	-	(1,012,198)	-
合　計	57,705,718	2	22,911,867	1
❿稅前淨利	979,171,324	45	1,144,190,718	51
⓫所得稅費用	141,403,807	6	127,290,203	6
⓬本年度淨利	837,767,517	39	1,016,900,515	45

⓭其他綜合損益				
不重分類至損益之項目：				
確定福利計畫之再衡量數	（$623,356）	-	（$823,060）	-
透過其他綜合損益按公允價值衡量之權益工具投資未實現評價損益	1,954,563	-	（263,749）	-
避險工具之損益	39,898	-	-	-
採用權益法認列之關聯企業之其他綜合損益份額	42,554	-	154,457	-
與不重分類項目相關之所得稅利益	124,646	-	733,956	-
	1,538,305	-	（198,396）	-
後續可能重分類至損益之項目：				
國外營運機構財務報表換算之兌換差額	（14,464,353）	（1）	50,845,614	2
透過其他綜合損益按公允價值衡量之債務工具投資未實現評價損益	4,123,201	-	（10,102,658）	-
避險工具之損益	（74,735）	-	1,329,231	-
採用權益法認列之關聯企業之其他綜合損益份額	63,938	-	550,338	-
與可能重分類之項目相關之所得稅利益	-	-	6,036	-
	（10,351,949）	（1）	42,628,561	2
本年度其他綜合損益（稅後淨額）	（8,813,644）	（1）	42,430,165	2
⓮本年度綜合損益總額	$828,953,873	38	$1,059,330,680	47
⓯淨利歸屬予				
母公司業主	$838,497,664	39	$1,016,530,249	45
非控制權益	（730,147）	-	370,266	-
本年度綜合損益總額	$837,767,517	39	$1,016,900,515	45
綜合損益總額歸屬予				
母公司業主	$830,509,542	38	$1,059,124,890	47

非控制權益	(1,555,669)	-	205,790	-
	$828,953,873	38	$1,059,330,680	47
每股盈餘				
基本每股盈餘	32.34		39.20	
稀釋每股盈餘	32.34		39.20	

資料來源：台積電 2023 年報

❶營業收入

營業收入是指一家公司銷售商品與提供勞務的收入總額。從表 2-1 來看，台積電 2023 年的營業收入有 2 兆 1,617 億元。

❷營業成本

營業成本是指一家公司銷售存貨與提供勞務所負擔的成本，包括直接原料、直接人工、製造費用（如水電費等）。從表 2-1 來看，台積電 2023 年的營業成本有 9,866 億元。

❸營業毛利

「營業收入」減「營業成本」及「與關係企業間之未實現利益」叫「營業毛利」，與關係企業間之未實現利益這個科目在大部分公司都不會出現，即使有，金額也都很小，讀者可以忽略它。從表 2-1 來看，台積電 2023 年的營業毛利是 1 兆 1,751 億元，毛利率達 54%，這是一個很了不起的比率，晶圓代工廠無人可以達到這個比率。

❹營業費用

很多人有疑問，為什麼要把「營業成本」與「營業費用」分開來看？簡單來說，**「營業成本」是所銷售貨物的成本，比如便利商店賣出一個便當，「營業成本」就是生產這個便當的成本；「營業費用」則包含門市聘僱店員之薪資、店租與水電等費用，以及總公司的會計、人事、IT、總務等後勤部門的費用。**分開計算的目的，主要是為了釐清並有效分析費用發生的來源。

營業費用包括 3 個主要科目：研究發展費用、管理費用、推銷／行銷費用，以及 2 個小科目：其他費用、預期信用減損損失。其他費用出現的機率很小，就算有，金額也很低。

預期信用減損損失的白話文就是企業的呆帳費用，依會計原則，預期信用減損損失可以放在營業費用或營業外收支項下。在正常情形下，金額也不高，所以以下我們就只討論 3 個主要科目。

❺研究發展費用

是指公司為了投資未來，投入在新技術、新製程、新專利或新產品的研發支出。從表 2-1 來看，台積電 2023 年的研發費用是 1,824 億元。

❻管理費用

管理費用是與生產及銷售無關部門的費用，主要是為了讓公司好好賺錢並應對好周邊附屬工作（如 ESG、法遵）所花費的「內外部溝通以及培養、促進和保護公司有形及無形資產的支出等」，例如董事會、股務、人事、財務、會計、法務、資訊、總務等部門支出。從表 2-1 來看，台積電 2023 年的管理費用是 609 億元。

❼推銷／行銷費用

推銷費用是指把產品賣出去所花費的「溝通、服務以及交付貨物或服務」的支出，比如統一超商的推銷費用包括店員薪資、門市租金與水電瓦斯等費用；中華賓士的推銷費用包括各項廣告支出、業務員的薪資、展示室的租金、招待客人的咖啡等等，都屬推銷費用的範疇。從表 2-1 來看，台積電 2023 年的行銷費用是 106 億元。

❽營業淨利

「營業毛利」減去「營業費用」及「其他營業收益及費損淨額」後之金額叫「營業淨利」。「其他營業收益及費損淨額」這個科目在大部分公司都不會出現，即使出現了金額也都很小，讀者可以忽略它。**營業淨利代表企業從本業上賺取的金額。**這一點很重要。從表 2-1 來看，台積電 2023 年的營業淨利是 9,215 億元。

⑨營業外收入及支出

「營業外收入及支出」主要是指從事本業以外活動的收入或支出。台積電的本業是從事晶圓代工業務，從事這項活動所賺取的收入稱為「營業收入」，相應的支出依性質歸類為「營業成本」及「營業費用」。與本業活動無關的收入與支出，通常會將大額的收入或支出單獨列示，金額太小的項目通常會與其他項目合併列示，台積電的營業外收入及支出包括：

(1) 採權益法認列之損益：會計準則規定若企業持有其他公司超過 20% 股權，原則上必須按權益法認列損益，例如台積電持有 AI 概念股創意 35%股權，對於創意所賺的錢，不管有沒有發股利，台積電均必須按創意獲利的 35%承認收入。台積電 2023 年採權益法認列之利益有 47 億元。

(2) 利息收入：一般主要是指因持有債券、定存及銀行存款而收到之利息收入。台積電 2023 年各項利息收入高達 603 億元。

(3) 外幣兌換損益：主要是指企業以外幣計價銷貨、進貨或設備採購時，折合成台幣入帳的匯率與實際收到或支付外匯時的匯率有所不同產生的匯差。

(4) 財務成本：主要是各種借款的利息費用以及租賃資產所設算的利息。台積電 2023 年的財務成本達 120 億元。

(5) 其他利益及損失：主要係處分不動產、廠房及設備之損益，或處分投資之損益。

從以上說明可以看出，營業外收入及支出內容很繁雜，但是因為這些項目與企業經營本業的「正經活動」無直接關係，加以金額通常不大，讀者平時可以略而不計，如果金額重大時再閱讀相關附註了解其原因即可。從表 2-1 可看出台積電 2023 年的業外收支淨額是 577 億元。

⑩稅前淨利、⑪本期所得稅及⑫稅後淨利

「營業淨利」加減「營業外收支」可得稅前淨利。「稅前淨利」減去「本期所得稅」是「稅後淨利」。從表 2-1 可看出台積電 2023 年的稅後淨利是 8,378 億元，比去年 2022 年台積電成立以來獲利最高的一年的 1 兆 169 億元低了不少。

在 2022 年全球企業獲利百大排行榜中，台積電是台灣唯一上榜的公司。

⑬其他綜合損益及⑭綜合損益總額

除非是金融業或是特殊狀況的企業，否則這 2 個科目及內容意義不大，讀者可以不用了解。

⑮淨利歸屬予母公司業主

這個科目我會在本章第 4 節推算特定公司未來獲利時介紹。

第二節：化繁為簡看懂損益表

上市櫃公司的損益表大多很冗長、很複雜。這麼冗長且複雜的原因是它想要盡可能揭露更多的訊息給讀者。遺憾的是因為訊息太多以至於偏於零碎，讓人抓不到重點。為了要抓重點來閱讀及分析損益表，我們要先學會以化繁為簡的方式來閱讀損益表：

一、閱讀損益表通常只需要閱讀損益表的上半部（表2-1），也就是從❶營業收入到到⓬稅後淨利。至於損益表下半部，除非是閱讀金融業損益表，或是極端案例（限於篇幅，本書就不提了），否則我們只需要閱讀下面有關⓯淨利的歸屬即可。要閱讀淨利歸屬是因為我們所閱讀的損益表大多是合併損益表，也就是加入眾多子公司營收、成本、費用直至稅後淨利的合併報表。因此損益表上半部所列的稅後淨利數，有部份淨利是歸屬子公司少數股權股東所有，例如緯創 2023 年損益表中的稅後淨利達 183 億元，但其中有 68 億元是屬於緯創數十家子公司的少數股權股東所有。以子公司緯穎為例，緯創只持有緯穎 42.82% 股權，因比緯穎 2023 年 120 億元的稅後淨利，一半以上都不屬於緯創股東所有。所以緯創 2023 年損益表所列的 183 億元稅後淨利，只有 115 億元是緯創股東所擁有，也才能據以計算緯創的年度 EPS。

二、閱讀損益表上半部時，我們基本上要注意的是❶營業收入（淨額）、❸營業毛利、❹營業費用以及❽營業淨利四個科目，其次是❾營業外收支、❿稅前淨利及⓬稅後淨利三個科目。

三、企業利潤的成長主要是由❶營業收入（淨額）的增長所帶動，所以營業收入是否穩定？是否成長？成長高低？是分析企業結構性獲利能力最重要的課題。

四、影響企業獲利次要因素是❸營業毛利，至於❷營業成本就不用看了，因為❶營業收入減去❷營業成本等於❸營業毛利，當您看❸營業毛利時等於是在看❷營業成本了。毛利率的穩定或提高是企業結構性獲利能力次重要課題。

五、維持企業利潤還必須考量營業費用，正常公司的❹營業費用通常會與❶營業收入維持一個穩定的比率關係，例如近年來台積電的營業費用率大致維持在 11% 左右的水準，統一超會維持在接近 30% 的水準。卓越公司的❹營業費用率通常會隨❶營業收入的成長而微幅下降，從而進一步提高企業的營業利益率。當營業收入增加，但營業費用率提高時，就有必要進一步細看營業費用中的四個子科目（❼行銷費用、❻管理費用、❺研發費用及預期信用減損（就是呆帳）金額變化，以便找出造成營業費用率攀升的凶手。

六、❸營業毛利減❹營業費用等於**營業利益或叫❽營業淨利**，它反映的是企業從正常本業上賺得多少錢，**代表的是「企業在本業上賺錢的真本事」。**

七、至於其他科目，例如有很多子科目的「❾營業外收支」，還有如「其他營業收入及費損淨額」等科目，很多和企業正常本業無關，加上金額年年變動，很難估測。例如台積電因為匯率變動，2023 年有兌換損失 27 億元，2022 年則有兌換利益 45 億元。由於這些科目金額很難估測，證券分析師計**算企業獲利及股價時除了留下比較常態性的收支，例如財務成本、利息收入等，會排除無法估測的重大營業外收入或損失科目及其金額。**例如企業今年處分不動產，產生出售利益 10 億元，讓 EPS 增加 10 元，這 10 元今年有，明年就沒有了，所以除了增加企業淨值外，對股價基本上沒有太大意義。

八、這也是為什麼**❿稅前淨利沒有❽營業淨利重要**的原因。至於**所得稅費用，不要說讀者你們看不懂，連大部份的證券分析師也看不懂**，所以在此就先不予討論。至於所得稅費用的玄機我會在第 5 章說明。

根據以上的說明，我們就可以來探討如表 2-2 所列的產業結構性獲利模式。

了解產業的結構性獲利模式

表 2-2　反映產業「結構性獲利模式」的五大科目

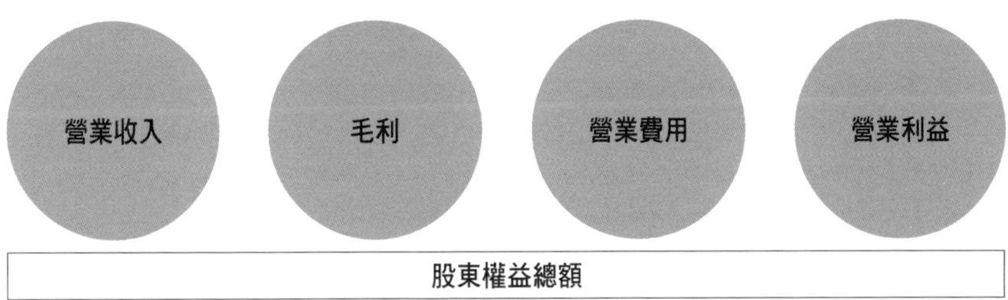

產業不同，商業模式往往不同。**了解及分析產業商業模式以及其結構性獲利模式的目的在了解一個產業需要什麼樣的營收規模、毛利率以及營業費用率才能賺到對得起股東投入資源的營業利益，進而察覺獲利關鍵所在。**了解產業或企業的商業模式後也會讓我們知道，**不同產業甚至同產業但商業模式不同的企業，彼此間很難單純的用財報數字去分析及比較彼此間優劣！**

1.「電子代工業」獲利關鍵：營收、新業務

首先我們以鴻海為例來談談電子代工業，如表 2-3 所示，2023 年鴻海的營收高達 6 兆多元，毛利率近年來大致維持在 6%~6.3% 左右，營業費用率大多維持在 3.4%~3.6% 左右，

營業利益率大多維持在 2.6%~2.7% 左右，稅後淨利率維持在 2.3%~2.5% 左右。這麼高的營業額**（以營業額為標準，鴻海是台灣唯一位列全球前 25 大的公司）**，附帶這麼低的毛利率、營業費用率以及稅後淨利率，主要是因為**電子代工業的商業模式就是以人工、機器、管理、資金及技術為客戶組裝 PC、伺服器、手機等電子成品及半成品業務**。至於組裝所需的零組件很大一部份都是來自客戶指定的特定供應商，電子六哥很難從這些被指定的零組件中賺到錢。所以**電子六哥（鴻海、和碩、廣達、緯創、仁寶、英業達）賺的錢主要是人工、機器運轉、管理、資金及技術的利潤，能夠自主採購的零組件利潤，以及被指定零組件的管理與手續費**。其實如果將被指定的零組件金額從其營業收入與營業成本中同額扣除，讓交易還原成接近純代工商業模式的話，其毛利率應該可以拉高很多！例如假設鴻海 2023 年賺不了多少錢的被指定零組件是 4.5 兆元，在扣除 4.5 兆元的營收後，鴻海的營業收入會降到 1 兆 6,622 億元，在毛利不變下，毛利率就會竄升到 24% 了，營業費用率以及稅後淨利率當然也會大幅拉升。

另一方面，電子代工業的名目淨利率雖然不高，但因為組裝產品的速度快，應收帳款及存貨週轉速度快，相對於龐大營業額，股東投入的資源不需太高，以鴻海 2023 年為例，1 兆 4,718 億元的股東權益（股東給公司的資源）就支撐起 6 兆 1,622 億元的營收。換句話說股東 1 元的投入可以創造 4.2 元的營收。這也是為什麼淨利率如此之薄，依然能保有合理股東權益報酬率（ROE）的原因。

了解電子代工業的商業模式以及結構性獲利模式後，我們會發現電子代工業的毛利率很難大幅提升。營業費用率因為已經很低了，下降也有限！在這種情形下**能夠長期且顯著影響電子代工業營業利益以及稅後淨利的主要因素是營收增加，其次是新產品帶來毛利率一段時間的提升。**首先我們談營收增加，因為只有營收增加，才能增加營業利益金額，此外營收增加時因部份固定成本及費用不變（例如折舊費用），可使營業成本率及營業費用率微幅下降，從而進一步增加獲利。其次是新代工產品，例如輝達的 AI 伺服器等。通常而言，一種新產品開始時只有極少數廠家有能力做出來，這會讓承接訂單的這些代工業者營收增加，其次委託代工的品牌商及雲端服務供應商（CSP）在代工初期讓利給這些電子代工業，從而毛利率有機會顯著提升，雖然這個提升在電子六哥彼此競爭下，1 到 3 年的時間之後可能就會下降。所以我們關注**電子代工業的獲利關鍵主要是看營收！營收！營收！其次是新業務！新業務！新業務！**

2.「晶圓代工業」獲利關鍵：營收、毛利率

其次我們以「台積電」為例來談談晶圓代工業，如表 2-3 所示，台積電 2 兆多元的營業額看起來似乎很大，但是晶圓代工業

是重度資本和技術密集產業。多麼的重度資本密集？台積電近年來每年的資本支出都在 1 兆元左右，這導致台積電需要龐大的股東資源才能撐起公司營運，以 2023 年為例，台積電平均 3 兆 2,023 億元的股東權益（股東給公司的資源）只創造了 2 兆 1,617 億元的營收。換句話說，股東 1 元的投入只能創造 0.68 元的營收，所以晶圓代工，特別是先進製程晶圓代工業一定要有足夠高的毛利率。如果毛利率不夠高，例如只有 30%，又沒有營利事業所得稅抵減優惠的話，台積電 2023 年的股東權益報酬率就會只剩下一般的 11% 左右。這個獲利數將使台積電很難像現在一樣砸上看兆元的錢推進先進製程！可是沒有新的先進製程就很難讓營收成長，所以先進製程推進、營收及獲利三者基本上就是一個循環，任何一個節點斷了，就會破壞台積電、三星及英特爾（Intel）的先進製程晶圓代工商業模式。

由於三星和英特爾的先進製程能力不足，三星基本上是靠整個集團的獲利來撐起先進製程的推進，而英特爾則是靠 IC 設計部門的獲利來支撐先進製程的推進，如果英特爾晶片部門無法持續有效獲利，英特爾的晶圓代工夢就玩不下去了！話題跑遠了！台積電需要高毛利率，而它的營業費用率大約就是 11% 左右，主要是研發費用緊盯 8%（若偏離 8% 太遠，可能是當年度實際營收與預算營收數差距太大吧！），管理和推銷費用約 3% 左右（2023 年偏高的管理費用希望是個例外）。幾乎固定在 8% 的研發費用讓 11% 左右的營業費用率不易顯著降低。至於沒有投入先進製程的其他晶圓代工業者也都有屬於自己的較低的毛利率和 10%~12% 左右營業費用率，以及較低的獲利和股東權益。

了解先進製程晶圓代工業的商業模式以及結構性獲利模式後，我們會發現**能夠顯著影響先進製程晶圓代工業的「營業利益」以及「稅後淨利」，主要是營收、毛利率以及營所稅稅率。**營所稅稅率我們就不提了！所以我們關注**晶圓代工業的獲利要看「營業收入」以及「毛利率」，特別是毛利率！毛利率！毛利率！**

3. 租賃業獲利關鍵：營收、毛利率及呆帳率

最後我們來看「租賃業」這個行業，中租是台灣上市公司中最大的租賃公司，租賃這個行業的商業模式就是向銀行借款，或向外發行債券等方式籌集資金，再將這些資金轉借給銀行業不能承做或成本效益上不便承做的公司或個人，例如做太陽能設備租賃業務、汽機車分期付款業務等等。租賃公司的營業收入主要來自放款收取的利息收入，「營業毛利」主要是借貸利率間的利差。營業費用除了與營業收入呈比較穩定比率關係的推銷及管理費用（約 18%~19%）外，還有金額很高的預期信用減損（就是預期帳款收不回來的呆帳損失）。由於租賃業大部份放款利率是固定的，向銀行借款的利率大部份是浮動的，**當利率處於升息循**

環時會讓營業成本增加，而傷及毛利率，反之當利率處於降息循環時，毛利率就會提升。另一方面當景氣下滑時放款發生呆帳的機率就會增加，反之當景氣變好時，呆帳費用就會降低。

了解租賃業的商業模式以及結構性獲利模式後，我們會發現，其毛利率和營業費用率會隨著利率和景氣變動而變動，在這種情形下**能夠顯著影響租賃業獲利的包括「營收」、「毛利率」及「營業費用率」中的「呆帳率」**。所以我們關注租賃業的獲利時必須三者兼顧！往好的一面想利率及景氣狀況大致上可預測，所以不難推估其獲利方向！**如果您不了解為何可預測，那就必須加強個人的總經知識了。**

表 2-3　產業不同，結構性獲利模式往往不同

2023 年項目	鴻海	台積電	中租 -KY
營業收入（億元）	61,622	21,617	975
毛利率	6.3%	54.4%	66.8%
營業費用率	-3.6%	-11.7%	-33%
營業淨利率	2.7%	42.6%	33.8%
營業淨利（億元）	1,665	9,215	329
營業淨利創造之 EPS	8.88	30.43	13.78
EPS	10.25	32.34	15.15
平均股東權益（億元）	14,718	32,023	1,477

資料來源：作者整理

第三節：了解「個別企業」的結構性獲利能力

在第二節中，我們介紹結構性獲利模式讓讀者了解特定產業大致上是怎麼去賺錢的。本節我們要說明在「同產業」中「相同的獲利模式」下的「個別企業」，是如何運用及發揮企業的綜合能力去賺取比同業更多或較少的利潤，這就是「結構性獲利能力」，我們也可以稱之為「全方位錙銖必較能力」。甚至於，我們還可以根據「財報結構性獲利能力」來評估特定公司的體質是否健康、獲利有無進一步改善空間、以及最重要的——據以推估其未來獲利金額。

在「同產業」的「個別企業」

1. 晶圓代工業：台積電 vs. 格芯

如之前說明，晶圓代工業的關鍵獲利要害在「營收」以及「毛利率」，如表 2-4 所示，台積電無論在「營收」及「營業毛利率」方面均遠勝過格芯，這表示台積電的**結構性獲利能力明顯遠勝格芯**。如果還要看「營業費用率」的話，格芯過高的推銷費用率顯示其經濟規模以及產品競爭力均比不上台積電（不了解這個推論的讀者，可以去看我的第一本著作《大會計師教你從財報數字看懂經營本質》），偏低的研發費用率表示格芯沒有進入先進製程。結論就是：兩者不在同一個競爭等級。

表 2-4　晶圓代工的競爭力比較

同業間比的往往是獲利重點的競爭能力

2023 年項目	台積電	格芯
營業額（億元）	21,617	2,402
毛利率（A）	54.4%	28.4%
營業費用率 B（C＋D）	11.7%	13.2%
推銷及管理費用率（C）	3.3%	7.4%
研發費用率（D）	8.4%	5.8%
營業利益率（A－B）	42.7%	15.2%

註：格芯的數字以 1：32.5 匯率轉為新台幣
資料來源：作者整理

2. 實體通路業：統一超 vs. 全家

再來看看便利商店這個行業，**便利商店這個行業基本上是賺管理財的行業，賺什麼管理財？賺開關店的能力、商品鋪設及週轉能力、服務能力（如各項代收與遞送服務等能力）以及錙銖必較的能力！**如表 2-5 所示，同樣經營便利商店的統一超與全家，他們的毛利率常年以來一直維持在 33%±1%，營業費用率常年以來一直維持在 30.5%±1%，以致營業利益率常年一直維持在

2%±1.5% 左右。事實上民生零售通路業的量販店、超市和便利商店三個子產業，儘管各有不同的毛利率和營業費用率，但是他們合理的營業利益率最終就是 2% 左右，如果有哪家量販店、超市或便利商店的營業利益率超過 2%，那表示其營運績效良好，如果營業淨利率低於 2%，那表示其營運績效有改善空間。

如表 2-5 所示，統一超毛利率及營業費用率的表現都比全家好，主要應該是統一超的「店數」多於全家（7,000 家 vs. 4,000 多家），以及「單店平均營業額」高於全家所致吧！

表 2-5　超商的競爭力比較

同業間比的往往是獲利重點的競爭能力

2023 年（個體報表）	統一超	全家
營業額（億元）	1,977	941 億
毛利率（A）	33.7%	32.9%
營業費用率 B（C＋D）	30.4%	31.5%
推銷費用率（C）	27.8%	29.1%
管理費用率（D）	2.6%	2.4%
營業利益率 E（A－B）	3.3%	1.4%

資料來源：作者整理

3. 電子代工業：電子六哥

最後我們來看一下電子代工業，電子代工業代工的電子產品種類非常非常的多，但是對營收貢獻比較高的前三個代工業務是手機、筆電及伺服器。這三種產品利潤比較薄的是手機，其次是筆電，最好的是伺服器，尤其是 AI 伺服器。如表 2-6，AI 伺服器在 2023 年開始爆發，讓以代工伺服器為主力業務的廣達和緯創毛利率勝出。英業達的主力業務是筆電及伺服器，所以居次，仁寶代工主力業務是筆電再次，和碩主力業務是手機，所以殿後。至於營收比以上五家電子代工業營收合計數還多約 1.5 兆元的鴻海，則是除了筆電「整機」外，幾乎什麼電子產品都做、什麼產品的營收都很大的龍頭，因為不同毛利率的產品都有做，它的毛利率就卡在中間。展望未來，隨著與 AI 有關的伺服器及網通產品大爆發，緊接著 AI 手機及 AI PC 的陸續推出，除非遇到重大政經情勢變動或 AI 泡沫化，一、二年內電子六哥的業績應該都會比以往好。

表 2-6　電子代工業的競爭力比較

電子六哥結構性獲利能力排名

2023 年	鴻海	和碩	廣達	仁寶	緯創	英業達
營業收入（億元）	61,622	12,568	10,856	9,467	8,671	5,147
毛利率	6.3%	3.7%	7.8%	4.5%	8.0%	5.1%
營業費用率	3.6%	2.5%	3.8%	3.2%	4.8%	3.7%
營業利益率	2.7%	1.2%	4.0%	1.3%	3.2%	1.4%
稅後淨利	2.5%	1.4%	3.7%	1.0%	2.1%	1.2%
EPS（元）	10.25	5.9	10.29	1.76	4.08	1.71
ROE	9.7%	8.5%	22.3%	6.5%	11.4%	10.2%

資料來源：作者整理

第四節：根據「結構性獲利能力」推估標的公司未來獲利數字

「沒有辦法數量化的東西，就無法管理，或者很難管理，所以即使很難數量化，也要盡量數量化」，這是張忠謀先生將會計運用到管理的名言，**這句話其實同樣適用於股票投資上。**方法是當我們獲得影響個別公司股價資訊時，例如取得訂單、成本變動、併購等資訊時，要將這些資訊帶入這家公司常態性的結構性獲利能力中，也就是根據預估的營收、毛利率及費用率推估標的公司未來獲利數字，據此盡可能的推估其當年度或次年度的EPS。

1. 收入

營業收入是企業從事為股東賺錢這件偉大事業的根本。**正常企業每年的營收一定要成長，否則不但無法提高 EPS，長期而言還可能會因無法抵銷通膨及薪資增長帶來的成本與營業費用增加，導致 EPS 下降。**一個無法提高營收及獲利的企業，其股價一定不會好。例如在產業景氣波瀾不驚時期，電子六哥以及金融股股價的本益比大約只有 10~12 倍左右，而這個 10~12 倍左右還是這些公司每年拚了命擠出錢發股利來維持的！反之，當產業或個別企業營收預期將大幅增長時股價的本益比會被立刻調高。為什麼？因為有夢啊！尤其是當預期營收的增長太高、太久，以致難以合理估算時，本益比就會進一步調升，並配合疑似恨天高般的預估 EPS 將股價送上月球！

例如輝達 2024 會計年度（會計年度結束日在 2024.1.28）的營收是 609 億美元，稅後淨利 297.6 億美元，EPS1.205 元，有人預估其 2025 會計年度的營收會達 1,200 億美元，稅後淨利達 680 億美元，隨著 GB200 大量推出，預估 2026 會計年度營收會突破 2,000 億美元，稅後淨利超過 1,100 億美元。截至 2024 年 8 月 19 日的股價來到 130 美元，市值達 3.19 兆美元，是台灣 2023 年 GDP 總額的 4 倍多。我們以其 2025 會計年度的預估獲利數算出來的 PE 是 46 倍以上，以其 2026 會計年度的預估獲利數計算出來的 PE 是 28.6 倍以上。儘管股價已經很高了。但根據 Seeking Alpha 網站 2024 年 8 月的資料，華爾街專家給它的評比依然是「STRONG BUY!」，知名外資券商甚至將其目標價上調到 170 美元。

再以鴻海為例，鴻海 2024 年上半年公告的營收總額是 2 兆 8,739 億元，僅比 2023 年同期的 2 兆 7,654 億元多 3.9%，但股價已經從去年同期的 105 元一路上漲，雖然在 2024 年 7 月底碰上股災，股價下跌，但截至 2024 年 8 月 20 日的股價仍然高達 186.5 元，漲幅超過 70%。鴻海在漲什麼？漲 2025 年 GB 200 會大量出貨，以及產業上調蘋果 2025 年 iPhone 手機出貨量，營收可能巨幅成長！

以鴻海「結構性獲利能力」推估獲利數

接下來我們就以鴻海的結構性獲利能力，以及下筆至今所獲得的資訊，去推估鴻海 2025 年的獲利數。在推算前要再重複及強調，所謂推估就是推測，推測代表會有誤差，甚至會因為各種新事件的發生，例如增單、改單、掉單、技術錯誤、匯率變動等等因素，導致誤差擴大。這也是為什麼證券分析師要定期甚至不定期更新研究報告的原因。如果鴻海 2025 年的各項數據與本書的推估數有明顯差異的話，要請讀者諒解！

截至 2024 年 8 月所獲悉的鴻海 2025 年各項數據：

1. 根據某香港券商資料指出，輝達 2025 年 GB200 的預估出貨量是 60,000 櫃，其中 NVL36 是 50,000 櫃，NVL72 是 10,000 櫃。這 60,000 櫃分別由鴻海、廣達、英業達（+ZT）、緯創（+緯穎）、美超微及技嘉組裝後，大部份直接賣給幾乎已經談好的 4 大 CSP 及戴爾（Dell）、甲骨文（Oracle）、CoreWeave 及特斯拉（Tesla）等企業，一小部份則賣回給輝達後再出給特定 CSP。

2. 其中據說鴻海分得 NVL72 全部 10,000 櫃以及 NVL36 其中 10,000 櫃的份額。此外還承接輝達約 50% compute board 及約 80% switch board 代工。

3. 隨著 GB200 產業鏈的種種技術問題以及後續問題的逐一解決，以及效能考量，市場開始盛傳，GB200 明年全球的出貨量可能只有約 10,000 櫃的 NVL36 以及 20,000 櫃以上的 NVL72。也有傳聞明年出貨會改以 NVL72 為主。

4. 因為 GB200 的種種技術問題，鴻海這 20,000 櫃，也就是 1.85 兆元的營收能如數實現嗎？即使全數出貨了，GB 200 的導入無疑也會侵蝕很大一部份鴻海現在為輝達代工的舊型 AI 伺服器收入。反之若是 20,000 櫃無法全部出貨，舊型 AI 伺服器還是可以填補部份營收短少吧！

5. NVL36 一櫃的合理價格在 68 百萬元左右，NVL72 一櫃在 117 百萬元左右。這價格中輝達大約拿走大部分，剩下的小部分會是散熱、機櫃等等一籮筐零組件以及組裝費。依交易條件電子代工廠必須承認全部收入、成本，以及當然的風險。

6. 另一方面蘋果的 Apple Intelligence 功能會日益強大，2025 年承接蘋果手機的代工業務也應該會增加。

7. 基於新產品出貨的不確定性，我們就假設鴻海 2025 年預估營收會比 2024 年預估的 6.8 兆元營收，多出 8,000 億元至 1.4

兆元，所以樂觀面可達 8.2 兆元，保守面可達 7.6 兆元。

如表 2-7 所示，根據預估的鴻海 2024 年 6.4% 毛利率以及 3.5% 營業費用率，推算鴻海 2025 年樂觀面的 EPS 是 13.99 元，保守面的 EPS 是 13.06 元。

表 2-7　2025 年鴻海預期 EPS　　單位：億元

項目	2025 年	
	樂觀預估數	保守預估數
營業收入	82,000	76,000
毛利率 6.4%／金額	5,248	4,864
營業費用率／金額 3.5%	(2,870)	(2,660)
營業淨利	2,378	2,204
營業外收（支）淨額	257	257
稅前淨利	2,635	2,461
所得稅率／金額	(527)	(492)
稅後淨利	2,108	1,969
稅後淨利歸屬母公司	1,939	1,811
EPS（13,862,991 仟股）	13.99	13.06

資料來源：作者整理

2. 毛利／成本結構

影響企業毛利率主要有兩個因素，一個是「售價變動」，例如售價 100 元，成本 80 元，則毛利率是 20%，若售價調高至105元，則毛利率只提高3.8%來到23.8%，若售價降低至95元，則毛利率只降低4.2%來到15.8%，**這與人們直覺認為售價調高或調低5%，毛利率應該會隨之升降5%顯然不同**，不知讀者有沒有注意到？影響企業毛利率第二個因素是「營業成本」，例如售價100元，成本80元，若成本調高至85元，則毛利率剛好降低5%至15%，若成本降低至75元，則毛利率也會剛好提高5%至25%。**弄清楚售價與成本變動對毛利率變動的觀念很重要，以免推估時算錯毛利率！**

通常而言大型通路業，奢侈品行業對產品或服務售價擁有較大的自主權，在成本變動時可以調整售價，所以他們的毛利率會比較固定。如表2-8所示，統一超和全家的毛利率多年以來大致維持在33%±1%的水準，所以我們可以很容易去推估其預計毛利率。

表2-8　統一超及全家近4年毛利率

個體報表	2023年	2022年	2021年	2020年
統一超	33.7%	33.5%	33.5%	33.6%
全家	32.9%	32.8%	32.8%	33.1%

資料來源：作者整理

對於晶圓代工、記憶體及面板這種資本密集型產業，其毛利率會受到售價以及成本不穩定的雙重影響，例如表2-9所示，台灣的記憶體以及面板產業生產的產品比較偏向於標準品，可以說是電子業中的農產品（高麗菜），當產品需求大過供給時售價就會大漲，反之當產品需求低於供給時售價就會大跌，偏偏其屬於資本密集型產業，生產成本中的折舊等等固定成本遠比其他產業，例如電子代工業，高出不少，在售價大跌以及成本下降不易雙重打擊下，其毛利率就會大跌，甚至跌到負數。

表 2-9　面板及記憶體製造業近 4 年毛利率

	2023 年	2022 年	2021 年	2020 年
友達	2%	1%	24%	8%
南亞科	-15%	38%	43%	26%

資料來源：作者整理

再如表 2-10 所示，晶圓代工業的台積電雖然在製程、良率以及稼動率上均遠優於同業，訂單的穩定度也遠高於同業，但由於其屬於超高度資本密集產業，過去幾年的財報數字顯示**每當新一代奈米製程推出的次年，也就是新奈米製程大規模生產時，其毛利率就會受到新製程的稼動率、良率以及折舊費用的三重影響，而下跌幾個百分點！**然後隨著稼動率和良率的提升，以及舊製程設備折舊提列完畢，例如很多 7 奈米製程設備在 2023~2024 年提列折舊完畢，讓毛利率得以上升。

表 2-10　台積電最近 6 年毛利率

	2023 年	2022 年	2021 年	2020 年	2019 年	2018 年
台積電	54%	60%	52%	53%	46%	48%
新奈米製程正式生產		3 奈米		5 奈米		7 奈米

資料來源：作者整理

以上的例子說明當我們要推估特定公司的毛利率時，必須要謹慎！畢竟產業不同，價格和產品成本變動原因會不同。

最後我們回到電子代工業毛利率，電子代工業的接單都是經過委託企業，如蘋果、谷哥和電子六哥雙方一再核算、一再錙銖必較之下確認的，這也是為什麼毛利率相對穩定但不高的原因。如表 2-11 鴻海 2024 年上半年度毛利率是 6.4%，2025 年因為 NVL36 和 NVL72 價格遠高於舊型 AI 伺服器，估計代工毛利率可能只有 5%，除非鴻海能夠從代工 compute board 及 switch board，以及掌控的零組件中再擠出利潤來，假設能因此多擠出 1% 來，讓 NVL36 和 NVL72 毛利率有 6%。根據這樣推估，那麼無論是 8.2 兆元還是 7.6 兆元營收的毛利率都落在 6.3% 左右。

表 2-11　鴻海最近 4 年毛利率

	2024 年上半年	2023 年	2022 年	2021 年	2020 年
營收（億元）	28,745	61,622	66,270	59,942	53,580
毛利率	6.4%	6.3%	6.0%	6.0%	5.7%

資料來源：作者整理

如表 2-12 所示，在微調毛利率情況下，鴻海 2025 年樂觀面 EPS 有機會達到 13.54 元，保守面 EPS 有機會達到 12.66 元。

表 2-12　微調毛利率後，鴻海 2025 年預估 EPS　　單位：億元

項目	2025 年	
	樂觀預估數	保守預估數
營業收入	82,000	76,000
毛利率 6.3% / 金額	5,166	4,788
營業費用率 / 金額 3.5%	（2,870）	（2,660）
營業淨利	2,296	2,128
營業外收（支）淨額	257	257
稅前淨利	2,553	2,385
所得稅率 / 金額	（511）	（477）
稅後淨利	2,042	1,908
稅後淨利歸屬母公司	1,878	1,754
EPS（13,862,991 仟股）	13.54	12.66

資料來源：作者整理

3. 營業費用

營業費用是由「推銷」、「管理」、「研發」以及「預期信用減損」四個費用科目組成。「預期信用減損」通常金額不大，有些公司甚至會將其併入管理費用中，不單獨列示。此外除非是特殊產業，例如銀行、租賃等，如果一般產業當作推估依據的歷史性損益表中，預期信用減損金額是一時性大增時，這種增加會

被認為是非經常性支出（即重複發生率不大），在預估未來營業費用時，基本上也會加以調整。所以我們在評估營業費用率時，通常只需要注意「推銷」、「管理」及「研發費用」三個科目即可。

另一方面，個別企業的營業費用率往往有其僵固性，但在企業營收成長率不夠高時，營業費用率可能會因為通膨、租金以及薪資的增長而微幅上升，反之如果營收成長率足夠高時，營業費用率會微幅下降，如表 2-13 所示，鴻海的營業費用率大多維持在 3.6% 的水準，2022 年因為營收大幅成長讓其營業費用率微跌至 3.4%，以此推論，如果鴻海 2025 年的營收可以大幅成長至 8.2 兆元的話，我們假設其營業費用率有機會跌回 3.3%。如果營收只有 7.6 兆元的話，有機會下跌至 3.4%。

表 2-13　鴻海近 5 年營業費用率

項目	2024 年上半年	2023 年	2022 年	2021 年	2020 年
營收（億元）	28,745	61,622	66,270	59,942	53,580
營業費用率	3.5%	3.6%	3.4%	3.6%	3.6%
推銷費用率	0.4%	0.4%	0.5%	0.5%	0.5%
管理費用率	1.3%	1.4%	1.2%	1.3%	1.3%
研發費用率	1.8%	1.8%	1.7%	1.8%	1.8%

資料來源：作者整理

如表 2-14 所示，如果鴻海 2025 年因為營收大幅增長，其營業費用率有機會由3.5%微降至3.4%或3.3%，鴻海2025年樂觀面的預估EPS有機會達到14.42元，保守面有機會可以達到13.06元。

表2-14　微調營業費用率後，推估鴻海2025年獲利情形 單位：億元

項目	2025年	
	樂觀預估數	保守預估數
營業收入	82,000	76,000
毛利率6.3%/金額	5,166	4,788
營業費用率3.3%及3.4%/金額	(2,706)	(2,584)
營業淨利	2,460	2,204
營業外收(支)淨額	257	257
稅前淨利	2,717	2,461
所得稅率20%/金額	(543)	(492)
稅後淨利	2,174	1,969
稅後淨利歸屬母公司	1,999	1,811
EPS(13,862,991仟股)	14.42	13.06

資料來源：作者整理

4. 營業外收支

企業的營業外收支通常可分成兩部份，一部份是會重複發生，只是金額會重大變動的部份，例如很多企業都會有利息支出及少量利息收入，對於大企業，如台積電、鴻海等，往往會利用其企業評等優勢賺取套利收入，也就是藉由低利的銀行借款或公

司債去投資高利的債券，以賺取利差。以鴻海為例，其 2023 年及 2022 年利息收（支）淨額收入達 162 億元及 76 億元。再如業務上必須從事內外銷或採購的企業，會因為匯率變動產生兌換損益，例如鴻海 2023 及 2022 年的外幣兌換利益（損失）分別是 63 億元及（63）億元。

影響鴻海歷年營業外收支金額穩定性的還有處分投資損益以及採權益法投資認列之投資損益。歷年來這部份的變動很大，如果台灣的政經情勢如專家所預測的，預估鴻海 2025 年來自處分投資利益以及採權益法認列之投資利益或可能與兌換損益變動數以及利息淨收入變動數相互抵銷，讓鴻海 2025 年營業外收支金額與 2023 年金額相當。不過這一部份的推估數與最終實際數的差異可能會很大！

營業外收支的另一部份是非重複發生，但金額可能也會很大的部份，例如如果鴻海突然去併購一家體量大的公司，就可能如當年中信金控因為併購東京之星銀行，產生巨額的「正商譽」利益。不會重複發生的營業外收入項目，事前沒有人會知道，即使知道了也不用估列進去，因為即使它再大，對股價也不會產生重大影響。

基於以上因素，除非有明確資訊表明重複性發生的營業外收支項目及金額會有重大變動，否則營業外收支的預估數通常就會以往年的數字為估值。

5. 稅後淨利／ EPS

「營業利益」加減「營業外收支」後就是「稅前淨利」，除非有重大的投資抵減可以抵稅（例如台積電），否則稅前淨利數留下 20% 當所得稅費用後，就得出推估的稅後淨利數了。**很多人看到稅後淨利這個數字，就會想當然耳的將之除以股本再乘以 10 得出 EPS。這個做法在推估 EPS 時，可能會是錯的！**

首先企業稅後淨利數並非全然歸屬於企業股東，這是因為我們所看到的財務報表或是現在所推估的預計損益數都是按合併報表的原則編列或推估。以鴻海為例，這份合併損益表除了包括鴻海、眾多 100% 持有的子公司以外，還有一些持股未達 100% 的子公司，如鴻華先進、三創數位、FIH 富智康、富士康工業互聯網等等。這些持股未達 100% 子公司損益表的全部數字，都被併入鴻海的合併損益表了，可是這些公司的稅後淨利有一部份應該是屬於這些公司小股東所有，例如，鴻華先進（製造電動車的那一家）2023 年稅後淨損達 19.3 億元，依持股比例這 19.3 億元中，有 9.5 億元是鴻華的小股東應該要負擔的。如表 2-15 所示，鴻海 2023 年合併報表的稅後淨利達 1,548 億元，但其中有 127 億元是鴻海持股未達 100% 的眾多子公司小股東的利益，兩者相減後，真正屬於鴻海股東的稅後淨利是如表 2-15 所示的 1,421 億元，它叫做「淨利歸屬於本公司業主」。我們以 1,421 億元除以鴻海的股本再乘以 10 才是鴻海真正的 EPS。表 2-14 推估的 2025 年 EPS 是根據 2023 年「淨利歸屬於本公司業主」占當年度稅後淨利約 92% 的比率來推算的。

其次有一些公司的股票面額並非 10 元，例如股票代號 8070 的長華 *，其每股面額只有 1 元，所以以「淨利歸屬於本公司的淨利數」除以股本後就不要再乘以 10 了！否則得出的 EPS 會憑空暴漲 10 倍。再如長科 * 的每股面額是 0.4 元，所以其 EPS 應該是「淨利歸屬於本公司業主」除以股本再乘以 0.4。一個簡單的判別方法是只要公開資訊觀測站或三竹股市（大部份券商都利用這個系統）看盤平台上，公司名字後面多一個 * 的公司，例如長科 *，長華 * 等，其股票面額就不是 10 元了。

根據表 2-14 的推算，鴻海 2025 年的 EPS 可能會落在 14.42 元至 13.06 元之間，理性的投資者能以 14 元左右做為估計值，再綜合可能的本益比（之前是 10~12 倍，2024 年 8 月應該在 14~17 倍）當作該股的目標價。**這個目標價或許會低於券商的目標價（2024 年 8 月份的研究報告大部份落在 240 元 ~270 元附近），但勝在穩健！**

表 2-15　鴻海淨利歸屬

	淨利歸屬於：						
8610	母公司業主		$ 142,098,208	2	$ 141,482,714	2
8620	非控制權益		12,691,174	-	9,588,835	-
			$ 154,789,382	2	$ 151,071,549	2
	綜合損益總額歸屬於：					
8710	母公司業主		$ 111,618,942	2	$ 150,682,663	2
8720	非控制權益		8,861,433	-	13,844,308	-
			$ 120,480,375	2	$ 164,526,971	2
	每股盈餘	六(三十八)				
9750	基本每股盈餘		$	10.25	$	10.21
9850	稀釋每股盈餘		$	10.07	$	10.06

後附合併財務報表附註為本合併財務報告之一部分，請併同參閱。

資料來源：鴻海 2023 年合併財報

上述的演算過程是在教讀者如何根據資訊去推算合理的目標價，事實上這也是大部份券商研究報告推算 EPS 以及目標價的過程。獨立推算合理目標價的好處是可以深入了解標的公司的結構性獲利能力、未來的獲利走向，並培養個人的獨立思考與判斷能力。當您得到影響股價資訊，特別是在得到資訊的早期階段，券商，特別是大型券商，還未出具研究報告時，不妨自行計算，以利及早定下投資決策。如果大型券商出具研究報告了，也可與之相互參照。

第五節：追蹤並衡量損益達成情形

無論多麼用心，推估的營收、毛利率、營業費用率及營業外收支淨額都不可能與損益實際數一致。追蹤及檢討期中損益實際數的目的在推估預計的最終獲利金額是否能達成？還是超過預期？或是不及預期？

損益四率

未來獲利情形主要是藉由「損益四率（即營收成長率、毛利率、營業費用率、營益率）」來推估的，要追蹤及衡量期中損益達成情形，也是要透過這四率來執行。

1. 營收成長金額／營收成長率

營收成長幾乎是企業獲利增加的最主要原因，要知道營收是否成長，我們不能等到已經海枯石爛的季報甚至年度財報出來後才去確認。通常而言，消息靈通的人會透過企業的 BB ratio（book to bill ratio，接獲的訂單與實際出貨的比例）、工廠產能利用率、現場參訪結果等資訊去推估。

一般投資人沒有時間、也沒有管道去了解上述資訊，但是可以透過企業法說會去了解個股現在以及未來狀況。**企業法說會內容通常包括已經（甚至尚未）公告的上一季業績、下一季甚至整年度的業績展望、資本支出、技術發展、訂單及大客戶等等資訊。券商分析師及其他與會者，往往還會透過各種問題去深挖公司未來的獲利可能。法說會是一般投資人了解產業及個股資訊相當好的管道。**很多公司通常會透過證交所及券商，一年內召開數場甚至 10 多場法說會。這些法說會讀者可以在事前透過公開資訊觀測站、三竹股市平台、公司官網以及各券商宣傳資訊，得知召開日期及時段。通常而言，**大部份的法說會都可透過網路參加，事後也大多可以經由公司官網取得簡報資訊。**表 2-16 是台積電 2024 年第 2 季法說會簡報稿中對第 3 季營收、毛利率以及營益率的預估值。**一些券商也會提供很多公司法說會的重點內容與看法，**這些資訊很值得投資人判讀。筆者認為**花時間了解標的公司法說會內容的投資人，才是一個對投資負責任的投資人。**

表 2-16　台積電 2024 年第 2 季法說會內容摘要

台積電第 2 季法說會簡報稿

2024 年第 3 季業績展望

基於目前對營運展望的假設，台積公司預期：

- 合併營收約介於美金 224 億元到 232 億元之間。此外，基於平均匯率 32.5 的假設，台積公司預期：
- 營業毛利率約介於百分之 53.5 到百分之 55.5 之間。
- 營業利益率約介於百分之 42.5 到百分之 44.5 之間。

資料來源：台積電 2024 年第 2 季法說會

了解企業期中營收達成情形最直接的方法是，在每月 10 日前透過各種看盤平台，了解並分析標的公司上月份的營收金額及營收成長率，以掌握營收實際成長情形是否如預期般增長。如表 2-17 所示，營收成長率可分成月增率、年增率及累計年增率，有人會問為什麼營收成長率會分成三個細目？這是因為**台灣大部分產業都有淡旺季，有時營收下降並非業績不好，而是遇到淡季，營收上升也不用高興，因為可能是遇到旺季。**所以**我們在看企業營收有沒有成長，除了看月增率**（〔這個月／上個月〕–1）**，還要看年增率**（〔這個月／去年這個月〕–1）**來排除淡旺季的干擾，最後再用累計年增率**（〔截至最近月份之累計營收／去年截至同月份之累計營收〕–1）**做總體考量**。表 2-17 是三竹資訊看盤平台上聯發科 2024 年上半年度的營收狀況以及營收增長情形。

表 2-17　聯發科 2024 年 1-6 月營收成長情形

年月	月營收(億)	月增率(%)	年增率(%)	累計年增(%)
2024/06	430.92	2.2	12.8	34.5
2024/05	421.51	0.3	33.5	39.9
2024/04	420.28	-16.7	48.3	41.5
2024/03	504.80	31.2	17.5	39.5
2024/02	384.82	-13.5	27.0	57.5
2024/01	444.96	1.9	98.8	98.8

資料來源：三竹股市 APP

在沒有適當的法說會以及其它來源的資訊時，每月 10 日前公告的營收數字是最能據以推估期中損益數字，也是最會牽動股價漲跌的資訊，所以當營收數與自己推估的或是券商之前研究報告推估的營業收入有重大不一致時，往往是考慮進出場還是繼續持有的時刻。

2. 毛利金額／率、營業費用金額／率以及營益金額／率

運用企業結構性獲利能力推估出的「毛利率」及「營業費用率」是我們據以推估預期獲利的工具，期中實際「毛利率」和「營業費用率」則可檢驗原先推估的「毛利率」和「營業費用率」是否適當。當實際值優於推估值時，如果不再適當就必須修

正，並據以修正預估「營益率」及「淨利率」。更重要的是，當毛利率、營益率優於推估值時，股市通常會立即反應，券商也會立即或隨之修改研究報告。如表 2-18 所示，當台積電公告 2024 年第 2 季營運績效，台積電之營收成長率、毛利率、營業費用率及營益率均高於第 2 季法說會之預估值，魏哲家對未來的營運績效也極其樂觀，絕大部份的外資均調高台積電的目標價。

表 2-18　2024 年法說會後券商調整目標價情形

台積電公佈 2024 年第 2 季營運績效後，外資調高目標價情形

項目	第 2 季實際值	台積電第 1 季法說會對第 2 季之預估值
營收（10 億美金）	20.82	19.6~20.4
毛利率	53.20%	51%~52%
營益率	42.50%	40%~42%
EPS（元）	9.56	

資料來源：作者整理

外資券商	目標價
花旗	1,500 元
匯豐	1,410 元
野村	1,330 元
高盛	1,230 元
大摩	1,220 元
美銀	1,200 元
大和	1,135 元
瑞銀	1,120 元

資料來源：作者整理

第六節：檢討 EPS、目標價及投資去留

通常而言，如果標的公司期中獲利達成數低預期數，又找不到合理的理由，就需要調降預計 EPS 以及目標價。反之如果公司期中損益達成數超過預期，理由又充份，就可以考慮調高預計 EPS 以及相應的股票目標價！

股價主要是由 EPS 及 PE 決定的。所以檢討 EPS 達成情形時，有時也要檢討 PE 倍數。通常而言景氣上升、產業前景看好、利率下降、實際業績比預估值好很多等情形，都在暗示未來會更好。在這種情況下，券商的研究報告除了可能調高標的公司未來的 EPS 外，還可能調高 PE 值，從而進一步抬高目標價。例如 2024 年整個 CoWoS 設備供應鏈的營收屢創新高，台積電魏哲家董事長在 2024 年 7 月 18 日第 2 季法說會上又一再強調先進製程產能非常吃緊，CoWoS 產能需要大擴張，所以即便 7 月 19 日台股大跌，CoWoS 概念股反而大漲，很多個股甚至紛紛漲停！

值得注意的是，沒有任何公司的營收可以永遠不斷成長、毛利率可以永保高位，當發現一、二年後企業營收及獲利成長率可能會下降時，即便當時的獲利處於歷史高點，該股票的 PE 也會被下調，從而引發股價大跌。例如 2024 年 8~9 月份輝達股價的

下跌就是這種不確定性造成的。

此外歷史的經驗顯示，當股市一路走高至臨界點，以致引發股市崩盤前，通常大部份的研究報告都還在調高目標價，只有很少的研究報告會發出警訊。當然啦！能夠在眾人獨醉我獨醒的分析師，往往就被封神了。

為了避免最後當套牢一族，當台股指數處在高點時，或是標的個股一、二年後的獲利存在高度不確定性時，最好要保守看待標的個股目標價。另外對於中大型股，建議要注意在資訊及資金面占優勢的外資動向，並且避免站在外資的對立面。至於投信，由於法令上對於被動型基金有「最低持股比率」的規定，只要散戶不斷購買 ETF，標的個股沒有被剔出成份股，它就會不斷的被買入。

重點

1. 決定股價的主要因素是企業未來的可能獲利數字。不要依據損益表的歷史性 EPS 做投資決策。
2. 要學會將影響股價的資訊嵌入企業的結構性獲利能力中，以推估合理獲利數字及股價區間。
3. 定期檢視企業實際營收及各項比率是否如預期，並及時更新可能 EPS 與股價區間，以決定投資去留，汰弱留強。

CHAPTER

3

從「資產負債科目」推估公司未來的獲利方向

可以由公司資產負債科目及金額判斷公司的體質、韌性及對未來損益的影響。

第一節：資產負債表的基本概念

每家公司都有**資產負債表，左半部為「資產」，右半部上方為「借來的」，也就是「負債」；右半部下方為「自己擁有的」，也就是「股東權益」。**

曾有人提出疑問，那為何稱之為「資產負債表」，而不是「資產、負債及股東權益表」呢？我們可以這樣解釋，在企業經營上，跟股東拿的錢最終也是要還的，亦即**公司的所有財產都是要還的，不是還給債主就是還給股東**，因此以企業角度來看，資產負債表左半部為「資產」，右半部皆為「負債」。

表 3-1　台積電 2023 年合併資產負債表

會計項目	2023 年度		2022 年度	
單位：仟元	金額	%	金額	%
流動資產（資產）				
現金及約當現金	$1,465,427,753	26	$1,342,814,083	27
透過損益按公允價值衡量之金融資產	924,636	-	1,070,398	-
透過其他綜合損益按公允價值衡量之金融資產	154,530,830	3	122,998,543	2
按攤銷後成本衡量之金融資產	66,761,221	1	94,600,219	2
避險之金融資產	-	-	2,329	-
應收票據及帳款淨額	201,313,914	4	229,755,887	5
應收關係人款項	624,451	-	1,583,958	-
其他應收關係人款項	71,871	-	68,975	-
存貨	250,997,088	5	221,149,148	4

其他金融資產	27,158,766	1	25,964,428	1
其他流動資產	26,222,380	-	12,888,776	-
流動資產合計	2,194,032,910	40	2,052,896,744	41
非流動資產				
透過損益按公允價值衡量之金融資產	13,417,457	-	-	-
透過其他綜合損益按公允價值衡量之金融資產	7,208,655	-	6,159,200	-
按攤銷後成本衡量之金融資產	79,199,367	2	35,127,215	1
採用權益法之投資	29,616,638	1	27,641,505	1
不動產、廠房及設備	3,064,474,984	55	2,693,836,970	54
使用權資產	40,424,830	1	41,914,136	1
無形資產	22,766,744	-	25,999,155	1
遞延所得稅資產	64,175,787	1	69,185,842	1
存出保證金	7,044,420	-	4,467,022	-
其他非流動資產	10,009,423	-	7,551,089	-
非流動資產合計	3,338,338,305	60	2,911,882,134	59
資產總計	$5,532,371,215	100	$4,964,778,878	100

會計項目 負債	2023 年度		2022 年度	
	金額	%	金額	%
流動負債				
短期借款	$-	-	$-	-
透過損益按公允價值衡量之金融負債	$121,412	-	116,215	-
避險之金融負債	27,334,164	-	813	-
應付帳款	55,726,757	1	54,879,708	1
應付關係人款項	1,566,300	-	1,642,637	-
應付薪資及獎金	33,200,563	1	36,435,509	1
應付員工酬勞及董事酬勞	50,716,944	1	61,748,574	1
應付工程及設備款	171,484,616	3	213,499,613	4
應付現金股利	168,558,461	3	142,617,093	3
本期所得稅負債	98,912,902	2	120,801,814	3

一年內到期長期負債	9,293,266	-	19,313,889	-
應付費用及其他流動負債	296,667,931	5	293,170,952	6
流動負債合計	913,583,316	16	944,226,817	19
非流動負債				
應付公司債	913,899,843	17	834,336,439	17
長期銀行借款	4,382,965	-	4,760,047	-
遞延所得稅負債	53,856	-	1,031,383	-
租賃負債	28,681,835	1	29,764,097	-
淨確定福利負債	9,257,224	-	9,321,091	-
存入保證金	923,164	-	892,021	-
其他非流動負債	178,326,165	3	179,958,116	4
非流動負債合計	1,135,525,052	21	1,060,063,194	21
負債合計	2,049,108,368	37	2,004,290,011	40
歸屬於母公司業主之權益				
股本				
普通股股本	259,320,710	5	259,303,805	5
資本公積	69,876,381	1	69,330,328	1
保留盈餘				
法定盈餘公積	311,146,899	6	311,146,899	6
特別盈餘公積	-	-	3,154,310	-
未分配盈餘	2,846,883,893	51	2,323,223,479	47
保留盈餘合計	3,158,030,792	57	2,637,524,688	53
其他權益	(28,314,256)	-	-20,505,626	-
母公司業主權益合計	3,458,913,627	63	2,945,653,195	59
非控制權益	24,349,220	-	14,835,672	1
權益合計	3,483,262,847	63	2,960,488,867	60
負債及權益總計	$5,532,371,215	100	$4,964,778,878	100

股東權益

資料來源：台積電 2023 年報

何謂「資產」？

我們簡化台積電 2023 年資產負債表，以表 3-2 和表 3-3 來看看台積電這家企業的真實「身價」是多少。表 3-2 顯示的是台積電這家企業的各種資產，這些資產加起來稱為「資產總額」，位於資產負債表的左半部。

2023 年台積電的資產總額為 5 兆 5,324 億元（這麼高的金額，有沒有嚇你一跳？），其中又分「流動資產」與「非流動資產」。

流動資產：

流動資產是指企業可以在 1 年或一個營業週期內，變換成現金的資產，比如「應收帳款」會在 1 年內收回，「存貨」會在 1 年內投入生產、出售，最終化為現金被收回來。以台積電來看，2023 年底存貨有 2,510 億元，但這些存貨該公司會在 1 年內投入生產，生產完畢變成晶片之後賣給客戶，並且向客戶收錢。所以正常情況下，1 年之內這些存貨也都會變成現金。

從表 3-2 來看，台積電 2023 年流動資產總數為 2 兆 1,940 億元。

非流動資產：

非流動資產是指 1 年或一個營業週期內，不能轉變成現金的資產，比如台積電 2023 年的不動產、廠房及設備高達 3 兆 645 億元，但這些資產不會在 1 年內賣掉變為現金，既然 1 年內不會變成現金，因此被列入非流動資產。

從表 3-2 來看，台積電 2023 年非流動資產是 3 兆 3,383 億元。

表 3-2　資產負債表左半部：資產

台積電 2023 合併資產負債表（摘要）				
會計項目	2023 年度		2022 年度	
單位：仟元	金額	%	金額	%
流動資產				
現金及約當現金	$1,465,427,753	26	$1,342,814,083	27
透過損益按公允價值衡量之金融資產	924,636	-	1,070,398	-
透過其他綜合損益按公允價值衡量之金融資產	154,530,830	3	122,998,543	2
按攤銷後成本衡量之金融資產	66,761,221	1	94,600,219	2
避險之金融資產	-	-	2,329	-
應收票據及帳款淨額	201,313,914	4	229,755,887	5
應收關係人款項	624,451	-	1,583,958	-
其他應收關係人款項	71,871	-	68,975	-
存貨	250,997,088	5	221,149,148	4
其他金融資產	27,158,766	1	25,964,428	1
其他流動資產	26,222,380	-	12,888,776	-
流動資產合計	2,194,032,910	40	2,052,896,744	41

「流動資產」是指企業可以在 1 年或一個營業週期內，變換成現金的資產。

非流動資產				
透過損益按公允價值衡量之金融資產	13,417,457	-	-	-
透過其他綜合損益按公允價值衡量之金融資產	7,208,655	-	6,159,200	-
按攤銷後成本衡量之金融資產	79,199,367	2	35,127,215	1
採用權益法之投資	29,616,638	1	27,641,505	1
不動產、廠房及設備	3,064,474,984	55	2,693,836,970	54
使用權資產	40,424,830	1	41,914,136	1
無形資產	22,766,744	-	25,999,155	1
遞延所得稅資產	64,175,787	1	69,185,842	1
存出保證金	7,044,420	-	4,467,022	-
其他非流動資產	10,009,423	-	7,551,089	-
非流動資產合計	3,338,338,305	60	2,911,882,134	59
資產總計	$5,532,371,215	100	$4,964,778,878	100

「非流動資產」是指 1 年或一個營業週期內，不能轉變成現金的資產。

資料來源：台積電 2023 年報

- 「流動資產」是指企業可以在 1 年或一個營業週期內，變換成現金的資產。
- 「非流動資產」是指 1 年或一個營業週期內，不能轉變成現金的資產。

何謂「負債」？

表 3-3 是台積電的負債與股東權益，負債置於資產負債表右半部上方，股東權益則在右半部下方。其中包括：

流動負債：

流動負債是指必須在 1 年內償還的負債。以台積電來看，2023 年底積欠廠商的應付帳款是 557 億元，積欠建廠及設備廠家 1,715 億元。從表 3-3 來看，台積電 2023 年底的流動負債總數是 9,136 億元。

非流動負債：

非流動負債是指不需要在 1 年內償還的負債。比如 2023 年底台積電有 9,139 億元的應付公司債，是不需要在 2024 年度內還錢的。從表 3-3 來看，台積電 2023 年底的非流動負債總數是 1 兆 1,355 億元，負債合計為 2 兆 491 億元。

股東權益：

股東權益的科目很多，主要科目為以下 3 者：

1. 股本：

台灣上市櫃公司的股票，大部分公司每一股的面額都是 10 元，對於每股面額 10 元的公司，我們將發行股數乘上 10 元就是股本。2023 年台積電流通在外的股數，就是把帳上股本 2,593 億元除以 10 元，就能得出台積電發行超過 259.3 億股在外。

2. 資本公積：

資本公積包括「溢價增資」與直接計入資本公積的交易。溢價增資是指，台積電某年增資時，股票面額是 10 元，若當年增資時是用 1 股 30 元增資，其中 10 元是股本，20 元就列入資本公積。至於直接計入資本公積的交易一般都不大，限於篇幅我們就不介紹了。以台積電為例，2023 年度資本公積是 699 億元。

表 3-3　資產負債表右半部：負債＋股東權益

會計項目	2023 年度		2022 年度	
	金額	%	金額	%
流動負債				
短期借款	$-	–	$-	–
透過損益按公允價值衡量之金融負債	$121,412	–	116,215	–
避險之金融負債	27,334,164	–	813	–
應付帳款	55,726,757	1	54,879,708	1
應付關係人款項	1,566,300	–	1,642,637	–
應付薪資及獎金	33,200,563	1	36,435,509	1
應付員工酬勞及董事酬勞	50,716,944	1	61,748,574	1
應付工程及設備款	171,484,616	3	213,499,613	4
應付現金股利	168,558,461	3	142,617,093	3
本期所得稅負債	98,912,902	2	120,801,814	3
一年內到期長期負債	9,293,266	–	19,313,889	–
應付費用及其他流動負債	296,667,931	5	293,170,952	6
流動負債合計	913,583,316	16	944,226,817	19

流動負債：必須在 1 年或 1 個營業週期內償還的負債

非流動負債				
應付公司債	913,899,843	17	834,336,439	17
長期銀行借款	4,382,965	–	4,760,047	–
遞延所得稅負債	53,856	–	1,031,383	–
租賃負債	28,681,835	1	29,764,097	–
淨確定福利負債	9,257,224	–	9,321,091	–
存入保證金	923,164	–	892,021	–
其他非流動負債	178,326,165	3	179,958,116	4
非流動負債合計	1,135,525,052	21	1,060,063,194	21
負債合計	2,049,108,368	37	2,004,290,011	40
歸屬於母公司業主之權益				
股本				
普通股股本	259,320,710	5	259,303,805	5
資本公積	69,876,381	1	69,330,328	1
保留盈餘				
法定盈餘公積	311,146,899	6	311,146,899	6
特別盈餘公積	–	–	3,154,310	–
未分配盈餘	2,846,883,893	51	2,323,223,479	47
保留盈餘合計	3,158,030,792	57	2,637,524,688	53
其他權益	(28,314,256)	–	–20,505,626	–
母公司業主權益合計	3,458,913,627	63	2,945,653,195	59
非控制權益	24,349,220	–	14,835,672	1
權益合計	3,483,262,847	63	2,960,488,867	60
負債及權益總計	$5,532,371,215	100	$4,964,778,878	100

非流動負債：不需在 1 年或 1 個營業週期內償還的負債

股東權益的科目主要為：股本、資本公積、保留盈餘

資料來源：台積電 2023 年報

- 流動負債：必須在 1 年內償還的負債。
- 非流動負債：不需在 1 年內償還的負債
- 股東權益的科目主要為：股本、保留盈餘、資本公積。

3. 保留盈餘：

保留盈餘是指企業當年度再加上歷年來賺取的利潤，因為法律規定或公司股利政策而沒有發給股東的盈餘。以台積電為例，2023 年底的保留盈餘共計 3 兆 1,580 億元。

一家企業的資產總額並非全部都是股東所有，所以我們必須把「資產」減掉「負債」才會等於「股東權益」，從表 3-4 可看出台積電 2023 年底的股東權益有 3 兆 4,833 億元（含非控制權益）。

股東權益中還有 2 個科目，一個是「其他權益」，一個是「非控制權益」，這 2 個科目在一般公司裡金額都不大，所以我們在本書需要時再行介紹。

表 3-4　台積電 2023 年的資產與負債

資產	負債
流動資產：2 兆 1,940 億元	流動負債：9,136 億元
非流動資產：3 兆 3,384 億元	非流動負債：1 兆 1,355 億元
資產總額：**5 兆 5,324 億元**	負債合計：**2 兆 0,491 億元**
	股東權益
	權益合計：**3 兆 4,833 億元**

資料來源：台積電 2023 年報、作者整理

第二節：投資人如何判讀資產負債表

「損益表」代表公司的外在美，「資產負債表」代表公司的內在美。我們從公司損益表呈現的收入、毛利與費用結構以及其他外在因素，諸如產業發展等，可以評估及判斷公司結構性獲利能力，並據以推估公司未來的獲利情形。另一方面**我們也可以經由公司資產負債科目及金額判斷公司的體質、韌性、及對公司未來損益的影響，甚至於如果公司損益狀況是經由修飾出來的，往往也可以從「資產負債表」中看出端倪。**

資產負債表的科目實在太多了，為了化繁為簡，我僅介紹常影響公司未來獲利，或是雖然不常發生，但是一發生就不得了的科目，讓讀者學會判斷：

1. 這個特定科目金額合不合理，以及對公司未來獲利的可能影響。

2. 這個影響何時會發生？

3. 這個影響何時會影響股價？

接下來，我就逐一解說如下：

存貨

存貨對於製造業是指公司購入的原料、在生產過程中的在製品、已完成製造的製成品，存貨對於買賣業是指購入待出售的商品。除非是從事網路交易的小商家，否則製造業、買賣業和規模較大的網路交易業者都必須備足存貨，才能滿足客戶的採購要求，但也不能囤積過多存貨，導致存貨因無法及時售出而衍生相關的損失。

當投資標的存貨金額合理時，投資人無需太在意，但當投資標的存貨太多時，我們必須盡可能去了解投資標的存貨太多的原因，評估其對未來損益的影響，並參酌當時股價，研判是應退場還是進場，甚至加碼投資。

但是問題來了，「如何判斷存貨是否過多？」「以及如何評估其對未來損益的影響？」接下來我們就逐一加以說明及探討。

1. 推估存貨天數

企業保有存貨的目的是為供未來出售之用。記住是供未來出售之用。投資人要了解存貨是否太多，首先要知道標的公司帳上的存貨要花多少天才能賣完？知道多少天能賣完，才能藉由存貨天數是否合理，來判斷存貨是否太多。但很遺憾的是基於投資決策的時效，我們不可能等個幾個月，等到存貨真正賣完了，才來計算到底花了多少天把存貨賣完。所以我們必須**想個辦法去「推估」投資標的手頭上的存貨賣幾天才能賣完。**通常而言，我們可以從存貨金額與銷貨成本金額的關係來推估期末存貨標的公司未來要賣幾天才能賣完，又稱「存貨天數」，其計算公式為：

（期末存貨金額／全年銷貨成本）×365（天）

我舉個例子來說明，存貨天數為什麼是這樣算的？

假設 7-11 在 2023 年初共買了 360 萬支原子筆來販賣，每支原子筆的進貨價格是 20 元，合計 7,200 萬元。我們再假設統一超每天賣出去的原子筆數量是一樣的，到了年底還剩下 60 萬支原子筆尚未售出，那請問這些原子筆要賣多久才會賣完？

以上題目告訴我們，7-11 在 2023 年共賣出了 300 萬支，合計 6,000 萬元的原子筆。換句話說，7-11 在 2023 年原子筆的銷貨成本是 6,000 萬元。因為每天賣出去的數量都是一樣的，我們可以算出來每天的銷貨成本是 16.4 萬元左右（6,000 萬／ 365 天），那剩下來的 1,200 萬元（60 萬支）原子筆全部出清的天數就是 73 天（〔期末存貨 1,200 萬元／ 6,000 萬元〕×365 天）。

回到真實的案例中，如表 3-5 所示，依據以上公式，我們可以得出製造自行車的美利達 2023 年底的存貨週轉天數為：

（95 億／ 221 億）×365（天）＝ 157（天）。

表 3-5　美利達存貨天數

2023 年期末存貨 A	95 億元
2023 年營業成本 B	221 億元
2023 年第 4 季營業成本 C	36 億元
2023 年第 1 季營業成本 D	70 億元
存貨天數（A / B）×365	157 天
存貨天數（A / C）×92	242 天
存貨天數（A / D）×91	123 天

資料來源：作者整理

這樣算其實是有瑕疵的，瑕疵一：假設過去這一年來每天的銷售數量和成本都是一樣，實際上這很難一樣！不信的話你去問中油，它每天買進的原油價格會一樣的嗎？每天賣出去的油量會一樣？瑕疵二：公司沒有休假日，所以每天都開張，從不歇業！事實上很少有企業每天都會開門營業的！瑕疵三：這個公式假設下年度每天的銷售數量和前一年度是一模一樣的！這當然也不可能！瑕疵四：製造業的存貨中有很多是原料及在製品，這些原料及在製品必須加上人工及製造費用才能成為製成品，所以對於製造業，這個公式算出來的存貨天數會是偏低的！特別是對於台積電這種人工及製造費用占製成品 9 成以上成本的公司，這種偏低情形會非常嚴重！但是讀者要記住一個觀念，**公式的本身是要讓我們「推測期末存貨金額（狀況）是否合理」**，所以對於以上的瑕疵，除了瑕疵三以外，讀者就不要太在意了！

要改善推測存貨賣掉時間的精確度，也就是瑕疵三的解決辦法有三種，第一種是用期末存貨真正被賣掉年度的銷貨成本來當作分母：

（期末存貨金額／次年度銷貨成本）×365（天）

這個方法非常好，可惜的是投資人等不了次年度銷貨成本金額出來這麼久！事實上管理到位的公司是可以用電腦系統根據銷貨訂單，去推算未來的銷貨成本，再據以推估存貨天數的，可惜投資人沒有辦法取得這個資料。筆者的作法是根據標的公司公告的每月營收（最簡便的方法是查閱三竹股市 APP 中個股資訊），再用最近期的毛利率去反推銷貨成本，這樣就可以推估存貨天數了。

例如今天是 2024 年 4 月 12 日，我可以推估美利達 2023 年底 95 億元期末存貨要去化掉的天數是：

2024 第 1 季營收 58.64 億元 ×（1-22.6%〔2023 年第 4 季毛利率〕）＝ 45.39 億元

這個 45.39 億元代表的是美利達 2024 年第 1 季銷貨成本的推估值。

（95 億／ 45.39）×91 ＝ 190 天

這表示，根據美利達 2024 年第 1 季的銷售狀況，美利達大約需要 190 天才能把 2023 年底的存貨消化完。

有人會說，等到 2024 年 4 月份根據已經知道的營收數字來算存貨天數實在太晚了！黃花菜都涼了！進一步的改善方法是根據公司法說會的說法（預估營業額），例如台積電每一季都會說出下一季的預估營收區間。利用標的公司預估的營業額，進一步去推估營業成本及存貨天數，這樣我們就可以推估美利達 2023 年底的過多的存貨，是否會在 2024 年第 1 季或第 2、3 季被逐漸去化。

事實上大部份的上市櫃公司根據 B/B ratio（booking/billing ratio），大多可以相當精確的推估自己下一季，甚至下兩季的營業收入狀況。這也是為什麼證券分析師常常可以打聽出來標的公司下一季預估營收的原因之一。

改善公式瑕疵三的第二種方法是改用「期末存貨所在當季的銷貨成本」來推估公司期末存貨賣幾天才能賣完，公式為：

（期末存貨金額／當季銷貨成本）×90、91、92（天）

回到真實的案例中，如表 3-5 所示，依據期末存貨所在當季的營業成本來推算，我們可以得出美利達 2023 年底的存貨週轉天數為 242 天（詳表 3-5）。這與用全年度營業成本推算的 157 天存在重大差異，這表示美利達 2023 年第 4 季的營業收入及相應營業成本一定是相當慘烈（低）所致。

改善公式先天瑕疵的第三種方法是改用存貨所在三季前的銷貨成本來推估公司期末存貨賣幾天才能賣完，也就是假設下一季的營業收入和去年同一季相同，公式為：

（期末存貨金額／三季前銷貨成本）×90、91、92（天）

回到真實的案例中，如表 3-5 所示，依據存貨所在三季前的營業成本來推算，我們可以得出美利達 2023 年底的存貨週轉天數為 123 天（詳表 3-5）。這也與用全年度營業成本來推算的 157 天存在重大差異。這表示 2023 年上半年的營業收入及相應營業成本比下半年好所致。

那麼到底用那一種方法好？如果標的公司的營業狀況相當的平穩，例如統一超這種公司，分母可以用全年度或當季的營業成本來推算。如果標的公司屬於成長型企業，分母用當季的營業成本比較好，例如輝達這種逐季成長的公司。如果標的公司的營業狀況有明顯的淡旺季，例如鴻海等電子代工廠，用三季度前的營業成本當分母會比較恰當。**但無論哪一種方法都沒有用推估次期營業成本的方法更好，只是這個方法最費力。願意努力推估次期營業成本去推算期末存貨合理性的投資人，會比其他人掌握更多未來的訊息！**

實際上筆者推估存貨天數的方法是，**一開始用年度或當季銷貨成本去推估存貨天數，當存貨天數反常時，會進一步用以上的改良方法去確認存貨天數是否真的異常。**

2. 判斷存貨是否過多

通常而言，**產業特性、商業模式、市場地位會決定企業合理的存貨天數。**就產業特性而言，如表 3-6 所示，我們用台灣幾家傑出企業的存貨天數來當作其所屬產業的存貨天數標竿。從表 3-6 的存貨天數可以看出，不同產業間存貨天數是不一樣的。

例如，零售通路業會強調貨品的販售效率，所以統一超的存貨天數只有 34 天。再如建設業從購地、推案、建設到交屋的時間長，所以華固的存貨天數高達 1,257 天。因此在判斷投資標的帳列存貨金額是否合理時，必須要先了解投資標的所處的產業特性。

表 3-6 不同產業合理的存貨天數

產業別	零售通路業	電子代工業	面板業	印刷電路板業	半導體通路業	IC設計業	自行車業	電子品牌業	鋼鐵業	建設業
企業	統一超	鴻海	友達	欣興	大聯大	聯發科	美利達	華碩	中鋼	華固
2019 存貨（億元）	157	5,158	235	87	677	276	47	744	996	365
2019 銷貨成（億元）	1,682	50,269	2,683	712	5,052	1,432	244	2,978	3,384	106
存貨天數（天）	34	37	32	45	49	70	70	91	107	1,257

註：由於 2020~2023 年的存貨天數受疫情等因素影響，我們用 2019 年的數據為準
資料來源：作者整理

就商業模式而言，商業模式不同，存貨合理天數往往不同。我們以同樣從事自行車製造的巨大與美利達來看，巨大的商業模式主要以產銷自有品牌捷安特（Giant）自行車為主，所以背負了龐大的製成品庫存。美利達的商業模式主要以 OEM（Original Equipment Manufacturer，代工生產）為主，其產品生產出來後，往往可以比較快速運交採購商完成銷售交易，所以不需背負龐大的製成品庫存。如表 3-7 所示，巨大的存貨天數超過美利達約 50 天左右。其他如同樣經營自有品牌電子產品的華碩（ASUS）和宏碁（Acer），也因為生產端商業模式不同，他們的存貨合理天數也不同。

有人會問從表 3-7 所示，美利達 2019 年的存貨天數只有約 70 天，為什麼 2023 年底的存貨天數暴漲到 100 多天？這是因為

疫情期間全球需求大增，但疫情舒緩後全球需求大減，很多公司的訂單被取消，導致整個自行車產業的存貨天數大增，需要時間去化。其實疫情後全台很多產業都有訂單被取消，導致庫存貨天數大增，需要時間去化情形。這也是為什麼表 3-6 的不同產業合理存貨天數使用 2019 年當範例的原因。

表 3-7　巨大及美利達 2019 年存貨天數

	巨大		美利達	
	金額（億元）	天數	金額（億元）	天數
2019 銷貨成本	498		244	
2019 期末存貨	169	124	47	70
製成品	112	82	33	49
在製品	9	7	5	8
原材料	48	35	9	13

註：由於 2020~2023 年的存貨天數受疫情等因素影響，本表以 2019 年的數據為主。
資料來源：作者整理

就市場地位而言，通常企業在市場的地位越高，除非其產品太雜、管理能力太差或產銷失調，否則存貨合理天數往往越低。為什麼？因為大哥有優勢啊！不信你看總統出門的時候都會有交通管制，所以總統出門從不受交通壅塞之苦。回到企業界，市場地位越高者，越能拿到好的交易條件。例如蘋果（Apple）、惠普（HP）、戴爾（Dell）等品牌大廠會以其強大的採購金額，迫使爭取訂單的代工業者接受其強勢採購條件，這些強勢採購條件之一就是不背庫存！不背庫存的方法是其向電子代工廠採購時，是不下正式訂單的，取而代之的是給代工廠滾動式預測表（rolling purchase forecast），透過這張表告知代工廠一年內按月交貨的手機、平板、筆電等產品的數量，記住這只是預測表，而特定月份真正確定的訂購量往往在交貨前一個月到一個半月前，這些品牌大廠根據自身銷售及庫存狀況才會通知代工廠確定的交貨數量。所以如表 3-8 所示，蘋果的存貨天數只有 10 天左右！而台灣代工廠商如果沒有能力隨修正後的預測表調整採購與生產，一旦預測表突然削減數量，就可能產生多餘製成品庫存與龐大的原料庫存。

我們回頭來看鴻海 2023 年底 46 天的存貨天數，算是勉強回到往日 40 天左右的存貨天數。按理講製造業的合理天數大多在 2 個月左右，但為何鴻海等電子六哥大多在 40 天左右？這是因為他們雖然必須為國際品牌大廠背庫存，但是他們的年營業額都高達數千億，甚至上兆元以上，好歹也是土皇帝階級，所以轉手之間就把很多原材料的庫存壓力，同樣用「滾動式預測表」甩手給上游的原材料供應商背了。

表 3-8　蘋果及鴻海存貨天數

	蘋果	鴻海
2023 年存貨天數	12	46
2022 年存貨天數	9	55

資料來源：作者整理

所以**我們在判斷投資標的存貨是否合理時，必須要考慮其產業特性、商業模式與市場地位，才能判斷出投資標的存貨天數是否合理。**這就是產業知識力結合財報分析力的重要性！

如果讀者不了解投資標的產業特性，我建議讀者可以用投資標的所屬產業中，標竿企業的存貨合理天數為投資標的存貨合理天數的參考值，也可以從投資標的過去 5 年的存貨狀況推論其合理天數。**當投資標的存貨天數超過合理天數 20% 左右時，若沒有令人信服的理由，就表示存貨天數可能太高，投資人必須要注意了，當存貨天數超過合理天數 30% 以上時，投資人就必須警惕了。但請記住，是警惕！不表示不能投資，因為我們還必須推估過多存貨對未來損益的影響。**

3. 存貨過多對未來損益的影響

當投資標的存貨天數超過合理天數時，我們必須研判投資標的存貨太多可能的原因，以及是否會顯著影響標的公司未來損益？再參酌當時股價，研判應該退場還是進場，甚至加碼投資。

接下來我們就來探討存貨天數太高對特定公司的影響。

(1) 存貨天數太高時，往往會傷及未來的營收及毛利率

a. 傷及毛利率

企業存貨太高時，存放太久的存貨往往會因為老舊毀損，更多的是因為技術或款式跟不上時代或潮流，以致最終必須折價出售，甚至直接報廢處理。筆者以前查帳時，常親眼看著外商客戶每天晚上 9 點半以後，將數量眾多但未能售出的當日出爐麵包直接倒進垃圾桶，也常看著客戶在季末將當季未能售出的精品，如衣服、鞋子、領帶、手錶等以極低的價格處理掉。

此外依會計原則規定，當存貨價值有減損時，即便還沒有低價出售，或是直接報廢，也必須立刻就可能的損失金額提列「存貨跌價損失」。**「存貨跌價損失」是營業成本的一部份，企業認列存貨跌價損失時會影響認列損失當年度的毛利及毛利率。** 2022~2024 年間，由於產銷失調，台灣大部份的電子業或多或少都有提列存貨跌價損失。如表 3-9 所示，當企業提列存貨跌價損失時，會在財報附註的存貨科目中說明其金額，以及其對營業成本之影響數。

表 3-9　華碩提列存貨跌價損失時在財報附註存貨科目中的說明

(八)存貨

	111年12月31日	110年12月31日
原料	$ 68,509,469	$ 82,961,983
在製品	4,641,930	3,253,889
製成品	4,873,224	3,322,735
商品存貨	63,458,496	74,994,382
在途存貨	989,096	2,782,540
	$ 142,472,215	$ 167,315,529

除因出售存貨而認列之營業成本外，本集團於民國 111 年及 110 年度認列為費損之存貨成本分別為$19,723,686 及$4,626,691，其中包含將存貨自成本沖減至淨變現價值而認列之銷貨成本分別為$19,545,987 及$4,610,599。

資料來源：華碩 2022 年合併財報

如表 3-10 所示，華碩 2021 年底至 2022 年年中，由於存貨天數太高，被迫在 2022 年提列高達 195 億元的存貨跌價損失。若可以不提列這筆損失的話，華碩當年的毛利率可以維持在 17.5% 左右，淨後淨利應可以有 320 億元左右，EPS 可以有 41 元左右。

表 3-10　華碩 2019~2023 年存貨金額及天數

項目	2019 年	2020 年	2021 年	2022 年	2023 年
全年銷貨收入	3,513	4,128	5,352	5,372	4,823
全年銷貨成本 B	2,978 億	3,396 億	4,249 億	4,631 億	4,099 億
毛利率	15%	18%	20%	14%	15%
年底存貨金額 A	744 億	973 億	1,673 億	1,425 億	1,228 億
年底存貨天數（A/B）x365 天	91 天	105 天	144 天	112 天	109 天
提列存貨跌價（回轉利益）	35 億	16 億	46 億	195 億	（117）億
稅後淨利	130 億	284 億	466 億	168 億	179 億
EPS	16.34	35.76	59.98	19.78	21.44

資料來源：作者整理

b. 傷及未來的營業收入

企業存貨天數太高，除非是特殊情況，否則或多或少會對企業未來的營收造成不利影響。這是因為存貨天數太高，如果是產品品質不好、技術落伍、品牌形象老化、樣式落伍等因素以致賣不出去，表示這家公司產品已經和主流市場脫節，未來會因為銷售不易，以致營業收入不容易好轉，即便會好轉，也不容易推估何時會好轉。另一方面，存貨天數太高，如果是產銷一時的失調，雖然也會影響未來一段時間的營業收入，但影響的時間會比較容易推估，例如自行車業品牌商或經銷商在疫情期間進貨太多，2023 年在庫存尚未完全去化前，減少向美利達或巨大進貨，讓美利達和巨大 2023 年和 2024 年初的營業收入也受到嚴重衝擊，但影響的時間比較容易推估。例如經過將近 3 個季度的生產線降載後，國泰期貨分析師在 2024 年第 1 季預測，美利達的營收在 2024 年第 2 季會開始逐漸回升，至於若要回到之前的營運高峰，就需要更多時間了。

(2) 存貨天數太高對不同產業的影響有很大的差異

存貨天數太高對不同產業的影響，可分為如下五種：

a. 重大影響的產業

通常而言，存貨天數太高對於資本密集的製造業，如記憶體和面板等，會有極為重大的影響。這是因為記憶體和面板產業的需求波動較大，供給方面短期間比較沒有彈性，當需求大於供給時，價格容易快速上漲，當需求小於供給時，價格容易快速下跌。所以產業景氣好時，一季可以賺個上百億元，景氣不好時，一季也容易虧上百億元。這種產業的股價常常像雲宵飛車一樣上上下下，令人心臟直跳！如表 3-11 我們可以看到，當存貨天數偏離正常的 40 天左右，接近較高的存貨天數 50 天左右時，友達的虧損數是多麼驚人！

對於這類產業，投資者除了要掌握產業的景氣變化外，一定也要緊盯存貨天數，當逆風來時一定要義無反顧比別人早撤離，當存貨天數開始下降時，可以伺機進場等股價反彈。

表 3-11　友達 2022~2023 年各季存貨天數與淨利（淨損）

項目	2023 4Q	2023 3Q	2023 2Q	2023 1Q	2022 4Q	2022 3Q	2022 2Q	2022 1Q
存貨（億元）	290	297	284	285	303	298	372	378
成本（億元）	613	648	613	560	572	570	612	698
天數（天）	44	42	42	46	48	48	55	49
淨利（損）（億元）	–15	–9	–47	–111	–100	–105	–57	52

註：2022 年第 3 季及第 4 季均係提列存貨跌價損失，存貨天數才至 50 天以下。
資料來源：作者整理

b. 顯著影響的產業

通常而言，存貨天數太高對品牌業，例如華碩、巨大，以及 IC 設計業，例如聯發科，會有重大影響。品牌業產品直接面對消費者，IC 設計業自行設計的產品直接面對企業客戶，這兩種產業的存貨天數變高，不是產銷失調就是產品賣不動，其中又以產品賣不動最可怕。這兩種產業一旦存貨天數偏高，不是直接提列存貨跌價損失，就是以換季大折扣方式降價促銷，前者會立刻損及毛利（率），後者會在降價年度／季度損及毛利（率）。更甚者是知名度或產品力度強的品牌業及 IC 設計業，在業務不振之初，往往為了達到營業目標，強塞存貨給經銷商，請經銷商「共體時艱進貨」，或者暫時不向上游製造商取貨，例如不景氣時，IC 設計業會以暫緩提貨的方式，將庫存暫時丟給半導體代工業背，以致於表面上暫時看不出 IC 設計業的存貨天數偏高。這個現象可從半導體代工業的存貨（wafer bank）天數增加看出。

由於存貨可能會被隱藏在上下游，**這類產業的存貨天數一旦拉高，存貨去化的速度就會比較慢。所以精明的投資者要學會透過這些業者上下游的存貨狀況，去判斷這種產業或特定公司景氣反轉時刻。例如若 2024 年下半年聽到巨大的庫存回到正常水位，才能代表自行車產業的存貨問題大致解決了。**

c. 影響較輕微的產業

通常而言，存貨天數偏高對於「大型電子代工業」例如鴻海，或是「大型半導體通路業」，以大聯大為例，這兩種產業的影響較輕。這是因為大型電子代工業主要是為蘋果及惠普等大型品牌廠，以及亞馬遜（Amazon）及谷歌（Google）等大型 CSP 企業代工手機、PC、伺服器等產品。他們庫存中大部份製成品是品牌廠或 CSP 廠遲早要拉走的存貨，庫存中大部份原材料也是依據品牌廠或 CSP 廠指定且即將要生產的材料，這就是為何電子六哥正常的存貨天數大多維持在 40 天左右的原因。如表 3-12 所示，2022 年底電子六哥因為供應鏈失調，導致存貨大增時，除了仁寶及緯創影響稍大一點之外，並未有顯著金額的存貨跌價損失。

由於這類產業的存貨大多是代背的，**精明的投資者透過這些**

業者存貨累積及去化狀況，除了可以判斷景氣反轉時刻或是特定品牌大廠的業務變化外，更是預判上游廣大零組件製造商未來營收變動的重要指標。

表 3-12　2022 年底電子六哥存貨天數比較

項目	鴻海	廣達	和碩	仁寶	緯創	英業達
2022 存貨金額（億元）	9,390 億	2,259 億	1,994 億	1,116 億	1,569 億	510 億
2022 存貨天數	55 天	68 天	58 天	39 天	63 天	36 天
2022 提列存貨跌價損失金額（億元）	79 億	35 億	17 億	20 億	44 億	6 億
2022 年稅前淨利（億元）	1,875 億	408 億	280 億	107 億	247 億	72 億

資料來源：作者整理

d. 影響一般的產業

不屬於 1-3 以及 5 的產業，特別是一般的製造業以及買賣業，大多可被列為影響一般的產業，這些產業的存貨合理天數大多在 2 個月左右，少數如奢侈品業和設備製造業等存貨合理天數可以上看到 3~4 個月左右。當我們看到特定公司的存貨天數高於產業標準時，可能意味著存貨必須認列跌價損失，有些狀況是公司的存貨金額不實！

我們以在 2020 年被發現作假帳的東貝光電為例，東貝光電出事前主要從事 LED 業務。當時 LED 產業的景氣雖然不佳，但產業的存貨天數大致上也在 100 天內。如表 3-13 所示，東貝光電長期以來的存貨天數不僅遠高於同業，而且還逐年惡化！到了 2018 年底存貨天數已經達到 365 天，到了 2019 年第 3 季報，存貨天數更達到 420 天的驚人數字！我們撇開特殊產業，這個存貨天數大概只低於肉牛業、建設業以及養兒業而已！所以讀者要記住，**存貨天數越高，又找不到合理解釋時，後面要提列的損失就越大**！至於財報不實時，要關注的已經不是存貨損失金額的問題，而是股價雪崩的問題了。這時要記住有多快跑多快！有多遠跑多遠！趕快脫手吧！

表 3-13　東貝 2016~2019 年存貨天數

項目	2019 年 9 月	2018 年	2017 年	2016 年
存貨（億元）	40	40	40	37
銷貨成本（億元）	26	40	50	65
存貨天數（天）	420	365	292	208

註：最後一次公告之報表是 2019 年底，該次財報會計師出具無法表示意見。
資料來源：作者整理

e. 影響微妙的產業

有些產業，例如記憶體模組業、太陽能模組業以及建設業等，存貨增加的影響往往很微妙，可能是大好！也可能是大壞！記憶體模組業，例如群聯和十銓等公司的商業模式是向三星、南亞科等「農作物產業」購入記憶體，經加工成記憶體模組後出售。記憶體模組業和太陽能模組業一樣，不需太高的資本支出，業務靈活度很高，當原料（記憶體）價格貴時，他的記憶體模組就賣得貴，當原料價格便宜時，它的記憶體模組就賣得便宜，總之它就像農產品的中盤商一樣，總會保有一定的利潤，所謂「穀賤傷民」，傷的是記憶體製造廠而不是記憶體模組廠。所以按理來說，記憶體模組業平時不需囤積太高的存貨。可是記憶體是「高等農作業」啊！基於和大廠保持良好關係，避免景氣好時斷貨，當景氣不好時，部份記憶體模組業有時會被記憶體廠「塞貨」而出現高庫存，也有部份記憶體模組業，基於商業判斷，會刻意去囤積記憶體，當景氣回升時就會因屯積低價庫存而賺得盆滿缽滿。這其中最有名的就是如表 3-14 所示的群聯了！

另外筆者書寫到 2024 年 5 月初，也傳出十銓 2024 年第 1 季因為出售低價庫存，2024 年第 1 季 EPS 大賺 4.1 元的情形！通常而言，**除非高庫存是自身商業判斷錯誤，可能導致庫存損失外**，即便被塞貨導致的高庫存往往也可以透過原廠的補償方案獲得彌補，而不易產生重大跌價損失。所以**當記憶體價格止跌回升時，記憶體模組業高庫存有很大的機率是好事，不怕風險的投資人早一點進場投資。**

表 3-14　群聯存貨變化

項目	2019 年	2020 年	2021 年	2022 年	2023 年
存貨金額（億元）	115	101	195	204	244
銷貨成本（億元）	335	362	434	429	321
存貨天數（天）	125	102	164	174	277
營業收入（億元）	447	485	626	603	482
毛利率	24.95%	25.25%	30.53%	28.80%	33.42%
EPS（元）	23.05	44.14	41.34	27.71	18.48

資料來源：作者整理

至於建設業，大型建設公司從購地、推案、完成建設到交屋，往往耗時數年，有些土地甚至養地超過 10 年才會推案。如表 3-15 所示，大型建設業的存貨天數往往驚人。事實上建設業資產負債表中存貨通常是最大的資產科目。這意味著，**當房地產景氣好，房子好賣，擁有越多「正常存貨（可商業化推案土地）」的建設公司未來的獲利能力就越好！當房地產景氣不佳時，擁有越多存貨的建設公司獲利能力就越差，甚至會因存貨去化不順而出現財務危機。所以了解存貨（推案）狀況以及何時交屋是投資建設公司首要的事項。**

表 3-15　建設公司 2023 年存貨天數

項目	華固	冠德	宏普	國建
存貨金額（億元）	365	253	325	482
存貨天數（天）	1,257	679	5,272	1,585
存貨占總資產比率	84%	44%	78%	59%

資料來源：作者整理

4. 從存貨的變化抓住企業營運反轉的契機

當被投資標的存貨太多，可能會影響下期財報的營收、毛利以及稅後淨利時，我們可以透過企業存貨的變化情形，並參酌當時的股價，研判是應該退場還是進場，甚至加碼投資。

(1) 存貨以提列存貨跌價損失方式讓存貨狀況恢復正常水準時

如表 3-10 所示，華碩在 2022 年提列高達 195 億元的存貨跌價損失。這代表存貨的真正價值被允當評價，該有的損失也認列了。但是高額的損失不是代表產業景氣有問題，就是特定公司的管理或品質有問題，投資人這時尚不宜貿然輕率入場。

(2) 存貨太多現象透過減產或以折價出售方式去化庫存時

如表 3-17 所示，美利達的存貨從 2023 年底的 95 億元減到 2024 年第 1 季的 93 億元，再到 2024 年第 2 季的 91 億元。存貨天數因為營收增加也從 2023 年第 4 季的 242 天逐季下降到 2024 年第 2 季的 112 天。細心的投資人甚至從表 3-16 所示的媒體報導，以及公司公告的 2024 年 7 月及 8 月份的營收數字，推估美利達的存貨天數應該可以在 2024 年下半年進一步降低，至於若想恢復至以往的水準，可能需要公司採行更多措施。

表 3-16　美利達庫存調整新聞

美利達降載生產

自行車大廠美利達（9914）目前訂單能見度約 4 個月，公司表示，**2023 年 7 月起因面臨產業庫存調整而降載生產**，平均每月出貨 2 萬台，今年來看，在庫存狀況改善下，2 月開始逐步提升產能，訂單顯示 3 月可出貨 3 萬台自行車，5 月 4 萬台、7 月 5.5 萬台自行車，預期後收將有逐步回溫的趨勢。

資料來源：Money DJ 新聞

表 3-17　美利達存貨天數變動情形

	2020	2021	2022	2023	2024 1Q	2024 2Q
存貨金額（億元）	50	77	102	95	93	91
全年銷貨成本（億元）	233	253	306	221		
當季銷貨成本（億元）				36	48	74
存貨天數（年）	78	111	122	156		
存貨天數（最近一季）				242	176	112

資料來源：作者整理

(3) 存貨不減甚至反增

如表 3-14 所示，記憶體模組大廠群聯從 2020 年開始，帳上的存貨金額及天數均逐年上漲，這反映該公司在屯積記憶體。當記憶體市場從 2023 年年中開始止跌回升後，群聯的獲利就逐季上漲。如表 3-18 所示內容，群聯股價因為潘健成董事長在 2024 年 5 月 10 日法說會中對存貨及毛利表達不甚清楚的看法，以致股價大跌，如果時光回溯到筆者撰筆時的日期 2024 年 6 月 1 日，您還會選擇投資群聯嗎？已經投資群聯但慘遭套牢的投資人，您要不要堅持下去呢？這就要靠投資人您的產業知識、消息面（例如群聯宣布將辦理私募）以及賭性了！

表 3-18　群聯下跌原因

群聯下跌原因
群聯於 2024/5/10 開完法說後連續下跌，主因是執行長於法說會提及「2024Q2 進入淡季後，隨製造商已補足庫存，加上報價已漲高抑制需求，從而使中國零售組廠開始出現傾銷模組的狀況，同時也不同意 NAND Flash 報價會持續上漲，因為會有泡沫化的疑慮」。再結合 4 月營收衰退的狀況，使得市場預期 NAND Flash 未來報價漲勢將趨緩甚至有反轉的疑慮。

資料來源：blog.fugle.tw

重點

1. 當特定公司存貨天數高過標準 20% 的時候，投資人必須注意，當存貨天數超過合理天數 30% 以上時，投資人就必須警惕了。

2. 存貨天數太高可能會影響未來的毛利率，甚至營收也會受影響。

3. 當特定公司存貨天數長期不退，甚至越來越長時，除非是特殊產業，例如記憶體模組業、建設業等，否則最好離場為宜。

4. 當特定公司提列高額存貨跌價損失後，短時間內宜多觀察，切忌貿然逢低入場。

5. 當標的公司上下游廠商或標的公司本身的存貨狀況逐漸回復正常，特別是搭配營收開始提高時，股價通常會「提早反應」。投資人宜把握好時機。

應收帳款

「應收帳款」是指公司把產品銷售出去以後，客戶還未給付的款項。如果後來收到客戶的遠期支票，這張未到期的支票稱為

「應收票據」。比起應收帳款，應收票據其實就是多了一張承諾付款的票據，讓企業收到貨款的機會更高而已，本質上應收票據和應收帳款並無不同。所以**當我們談應收帳款時，應收票據也包含在內。**

此外還有一種「準應收帳款」叫做「合約資產」，**合約資產指的是企業已移轉產品或勞務給客戶，但尚未具有收款的權利**（白話文叫做：產品或勞務已在為客戶製造或提供，但「依合約規定，還不能開發票向客戶請款的「準應收帳款」）。假設台船公司與長榮海運簽訂一艘貨櫃輪建造合約，並約定長榮海運在造船期間應按進度支付 80% 造船款，最終驗收後支付 20% 造船尾款。現在這條船已經完成，但尚未經驗收，依合約台船公司只能開立 80% 金額的發票請長榮海運付款，假設長榮海運迄今只支付 50% 的船款，則依合約已開立發票但長榮海運尚未支付船款是 30%，這 30% 的貨款就會顯示在台船公司資產負債表中的「應收帳款」科目內，另外依合約還不能向長榮海運請款的 20% 尾款，就會出現在台船公司資產負債表的「合約資產」科目中。如表 3-19 所示，台船公司 2023 年帳上有 26 億元的合約資產。

合約資產就像已經訂婚但尚未結婚的新娘子，所以當帳上有合約資產時，我們可以把它視為「應收帳款」的一部份，來評估應收帳款金額是否過高。

除了造船業、工程服務業、資訊服務業、管顧服務業等按工程進度認列收入及請款的行業外，一般製造業及買賣業通常不會出現合約資產這個科目。

表 3-19　台船公司資產負債表

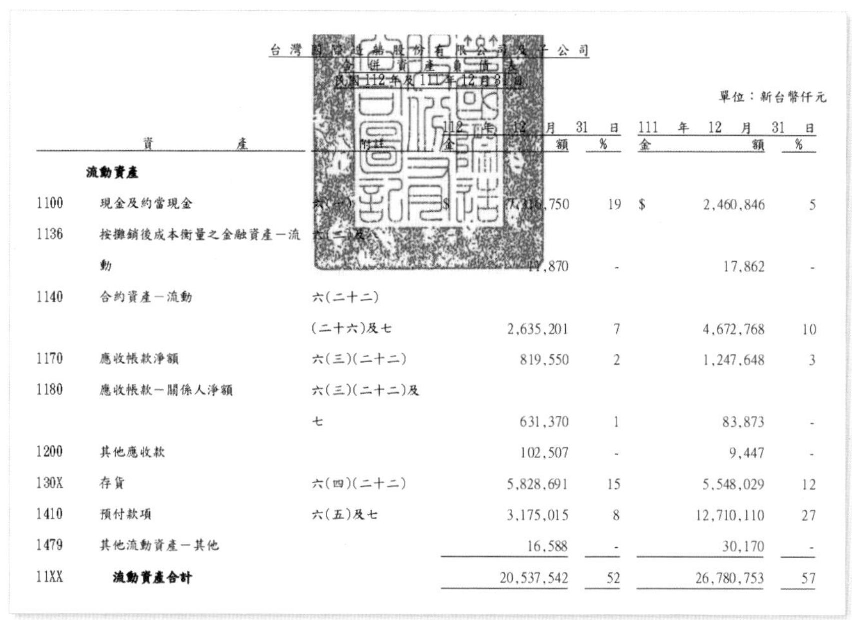

台灣國際造船股份有限公司及子公司
合併資產負債表
民國112年及111年12月31日

單位：新台幣仟元

	資產	附註	112年12月31日 金額	%	111年12月31日 金額	%
	流動資產					
1100	現金及約當現金	六(一)	$ 7,310,750	19	$ 2,460,846	5
1136	按攤銷後成本衡量之金融資產－流動	六(二)及八	11,870	-	17,862	-
1140	合約資產－流動	六(二十二)(二十六)及七	2,635,201	7	4,672,768	10
1170	應收帳款淨額	六(三)(二十二)	819,550	2	1,247,648	3
1180	應收帳款－關係人淨額	六(三)(二十二)及七	631,370	1	83,873	-
1200	其他應收款		102,507	-	9,447	-
130X	存貨	六(四)(二十二)	5,828,691	15	5,548,029	12
1410	預付款項	六(五)及七	3,175,015	8	12,710,110	27
1479	其他流動資產－其他		16,588	-	30,170	-
11XX	**流動資產合計**		20,537,542	52	26,780,753	57

資料來源：台船 2023 年合併財報

評估應收帳款（含應收票據以及合約資產）的目的，在於：

1. 了解應收帳款是否太多，以致有發生呆帳的風險？
2. 出現巨額呆帳時，除了會降低認列呆帳年度的利潤外，是否也會進一步影響到未來的營收與獲利前景？

所以我們必須盡可能去了解投資標的應收帳款餘額是否太高？太高的原因？研判其對未來營收及損益的影響？並參酌當時的股價，研判是否應該退場還是進場。

但是問題來了，「如何判斷應收帳款是否過多？」以及「如何評估其對未來營收以及損益的影響？」接下來我們就逐一加以說明及探討。

1. 應收帳款天數

企業帳上的應收帳款是基於過去的交易所產生的。記住是過去的交易所產生的。投資人要了解應收帳款是否太多，首先要知道，標的公司帳上的應收帳款是過去幾天的營運所產生的？知道大約是多少天的營運所產生的，才能藉由應收帳款天數是否合理，來判斷應收帳款是否太多。

我們可以從應收帳款與營業收入金額的關係可以推算帳列的應收帳款相當於幾天的營業收入金額，又稱「應收帳款天數」，其計算公式為：

期末應收帳款／全年營業收入金額 ×365（天）

以鴻海為例，鴻海在 2023 年的營業收入是 6 兆 1,622 億元，當年底帳列之應收帳款淨額是 8,723 億元，我們得出期末應收帳款相當於鴻海 52 天的營業額。

（8,723 億／ 61,622 億）×365 天＝ 52 天

這個公式的意思是如果鴻海一年 365 天，每天的營業收入金額是一樣的，那麼鴻海帳上的 8,723 億元應收帳款代表過去 52 天的營業收入金額，也可以解釋成鴻海賣出產品或服務後，平均約 52 天後能收到錢。

這個公式的算法其實是有瑕疵的，瑕疵一：假設過去這一年來每天的營業金額都一樣，實際上這很難是一樣！不信的話你去問台積電，它每天的營業額會一樣的嗎？瑕疵二：假設公司沒有休假日，每天都開張，從不歇業。事實上很少有企業每天都開門營業的。但是讀者要記住一個觀念，**公式的本身是要讓我們「藉此判斷應收帳款的品質」，除非有更好的公式，否則就不要太在**

意公式的瑕疵了！

但有沒有更好的公式？還真的有！首先企業的產品或服務一經售出，通常會在 1~3 個月內收到貨款，否則就應該停止出售產品或服務給拖欠帳款的買家了，畢竟有買有付款，再買不難嘛！因此企業帳上的應收帳款理應是近期銷貨的貨款！所以我們就可以將以上的公式改為：

期末應收帳款／當季銷貨金額 ×92、91、90（天）

以鴻海為例，鴻海 2023 年第 4 季的營業收入是 1 兆 8,521 億元，有了這個數字，我們可以得出鴻海 2023 年底的應收帳款相當於 43 天的營業收入。

（8,723 億／ 18,521 億）×92 天＝ 43 天

我們不要看兩個公式相差只有 9 天，如果鴻海的應收帳款天數當真是 52 天的話，會讓鴻海 2023 年年底帳上少了約 1,800 億元的現金。以 2023 年的利率水準會讓鴻海當年度淨利至少減少 50 億元。

2. 判斷應收帳款餘額是否太高

通常而言，產業特性、商業模式、市場地位會決定企業應收帳款合理的天數。就產業特性而言，不同產業的應收帳款天數往往不同。我們從表 3-20 可以看出來，代表不同產業的幾家傑出企業的應收帳款天數，可以從 0.3 天到 3,268 天不等。為什麼會差這麼多？這就要問讀者了，請問你去 7-11 買東西時，被允許賒過帳嗎？所以統一超的應收帳款天數近乎為 0。

再如「建設業」通常要收足房地款後才會完成房地過戶並交付給買主，所以華固應收帳款天數低到只有 3 天。另如「半導體通路業」的主要客戶是電子六哥等代工或模組組裝業，六哥在市場上宛若土皇帝般的存在，付款通常較慢！事實上，「半導體通路商」如大聯大若不是把部份應收帳款賣給銀行的話，他的應收帳款天數會比顯示出來的 66 天高出不少。至於應收帳款天數最離譜的應該屬於「租賃業」，我們以業績良好的和潤為例，和潤的應收帳款天數達到 3,268 天！是不是很離譜？其實和潤是準金融業，它的應收帳款主要是「放款」的金額，營業收入主要是「利息收入」，這個應收帳款天數其實一點都不離譜！

所以，在判斷投資標的應收帳款金額是否合理時，我們必須要先了解投資標的所處的產業特性。

表 3-20　產業別應收帳款天數

業別	零售通路業	電子代工業	面板業	印刷電路板業	半導體通路業	IC設計業	自行車業	電子品牌業	鋼鐵業	建設業	租賃業
企業	統一超（個體報表）	鴻海	友達	欣興	大聯大	聯詠科	美利達	華碩	中鋼	中國	和潤
2023 帳收（億元）	7	8,723	240	186	1,309	551	23	868	129	2	2,735
2023 第 4 營業收入（億元）	1,977	18,521	634	257	1,831	1,295	48	1,201	884	66	77
應收帳款天數	0.3	43	35	67	66	39	44	66	13	3	3,268

資料來源：作者整理

就商業模式而言，商業模式不同，應收帳款合理天數往往不同。我們以同樣從事自行車製造的「巨大」與「美利達」來看，巨大的商業模式主要以產銷自有品牌捷安捷自行車為主，所以背負了放帳給經銷商的貨款。美利達的商業模式主要以 OEM 業務為主，其產品一經生產出來，就可以快速運交給採購的品牌商，完成交易，放帳給經銷商的問題比較少。如表 3-21 所示，巨大的應收帳款天數超過美利達約 30 天左右。

表 3-21　巨大及美利達應收帳款天數

項目	巨大	美利達
2023 年應收帳款（億元）	127	23
2023 年第 4 季營收（億元）	149	48
應收帳款天數	78	44

資料來源：作者整理

就市場地位而言，通常企業在市場的地位越高，除非其產品太雜、管理能力太差、產銷失調或其他特殊原因，否則應收帳款合理天數往往越低。為什麼？因為大哥有優勢啊！曾有不下一個朋友告訴我，即便台積電的成熟製程價格比同業貴，條件比同業苛，他們也不敢輕易換成別人代工。因為一旦換了，指不定哪一天需要台積電的技術或產能時，怕排不進去！這叫做技術及產能的優勢！台積電有多強勢？你看 2024 年 4 月 19 日台積電法說會，CEO 魏哲家當天說著說著居然讓半導體業股價大跌，所以有人就戲稱台積電當天法說會，也順便幫同業辦了法會！如表 3-22 所示，台積電的應收帳款天數明顯比同業低很多。

表 3-22　台積電與同業的應收帳款天數

項目	台積電	聯電	世界先進
2023 年應收帳款（億元）	2,019	296	55
2023 年第 4 季營收（億元）	6,255	549	97
應收帳款天數	30	50	52

資料來源：作者整理

所以我們在判斷投資標的應收帳款是否合理時，必須要考慮其產業特性、商業模式與市場地位，才能判斷出投資標的應收帳款天數是否合理。這就是產業知識力結合財報分析力的重要性！

如果讀者不了解投資標的產業特性，我建議讀者可以用投資標的所屬產業中，標竿企業的應收帳款合理天數，為投資標的應收帳款合理天數的參考值，也可以從投資標的過去 5 年的應收帳款狀況推論其合理天數。**當投資標的應收帳款天數超過合理天數 20% 左右時，若沒有令人信服的理由，就表示應收帳款天數太高了。**

3. 推估應收帳款太高對未來損益的影響

當被投資標的應收帳款天數超過合理天數時，我們必須研判投資標的應收帳款太多可能的原因，以及是否會顯著影響標的公司未來的前景？再參酌當時股價，研判是應該退場還是進場。接下來我們就來探討「應收帳款太高對特定公司的影響」。

（1）應收帳款太高未來可能需要提列巨額的呆帳費用

企業銷售貨品或勞務時往往會與買方約定收款條件，這個條件會因買賣雙方的強勢程度而有所不同，例如賣方比較強勢，它要求買方月結 30 天付款，什麼叫月結？月結就是譬如賣方在 5 月分 5 天賣給買方 5 批貨，賣方在 6 月 20 日結完帳，就通知買方在 7 月 20 日之前給付 5 月份 5 批貨的貨款。

依雙方的約定，買方必須在約定期間內付款，但是買方如果不付款呢？不付款的原因很多，譬如買方財務狀況不佳，暫時付不出錢，甚至永遠付不出錢，譬如買方比較「大尾」，付款時間由買方來決定，譬如交貨數量、品質、規格等不符合買方要求，於是雙方展開扯皮大戰！不管原因如何，通常是帳款放越久越收不回來，即便收回往往會被打折。對於可能收不回來的帳款，會計上通常會依應收帳款的帳齡去估計可能的呆帳金額。

由表 3-23 的範例所示，應收帳款帳齡越久，所需提列的呆帳金額就越來越高。

表 3-23　依應收帳款帳齡提列呆帳金額

項目	未逾期	逾期 0-60 天	逾期 60-90 天	逾期 90-120 天	逾期 120-180 天	逾期 180 天以上	合計數
應收帳款金額 A	30,000,000	20,000,000	5,000,000	3,000,000	2,000,000	1,000,000	61,000,000
呆帳提列比率 B	0.1%	0.5%	3%	10%	30%	70%	
備抵呆帳金額 A×B	30,000	100,000	150,000	300,000	600,000	700,000	1,880,000

資料來源：作者整理

所以當標的公司應收帳款天數超過合理天數越多時，所需提列的呆帳金額就會越來越多！本期還沒有提，下期如果還收不回來可能就會提列了！

(2) 應收帳款太高，可能會嚴重影響未來業績

應收帳款太高，有時不是客戶財務有問題，而是標的公司有問題。這個問題可能是標的公司為了創造業績，而塞貨給客戶，被塞貨的客戶基於友情接受塞貨，但通常不會按正常商業條件付款。應收帳款太高也可能是自身產品的品質糾紛，導致客戶不願付款所致。

如果應收帳款太高是塞貨所致，輕度的話必須等到客戶將貨品去化後才會恢復正常採購，這可能會影響標的公司未來的營業收入。重度的話除了影響未來的營業收入外，如果強塞產品的市場價格出現下跌情形，客戶可能會要求標的公司就塞貨部份給予折扣，導致次期的毛利率下跌。

如果應收帳款太高是產品糾紛呢？輕度的話可能必須要給客戶折扣，以致損及不知哪一期的毛利。中度的話客戶會退貨，例如產品 80 億元，賣給客戶 100 億元，退貨會讓次期的營收減少 100 億元，毛利損失 20 億元。重度的話退回的產品可能也必須報廢，這時退回的 80 億元貨品也必須「提列損失」，這時的損失就會高達 100 億元。如果退回的產品沒有價值必須報廢的話，

業界大部份的做法就是直接放棄債權，也就是直接認列 100 億元的呆帳損失，產品也請客戶免費笑納，甚至有的公司還要付費請客戶代為報廢處理。

因為產品糾紛導致的損失，有時甚至會遠大於表面上的呆帳金額，特別是電子業中的零組件製造商。我們可以想像一下，如果一台筆電中的一個 100 元零件有瑕疵，讓整台筆電達不到應有的效能或容易毀損，品牌商通常的做法是回收筆電，例如回收 10 萬台，然後要求出錯的業者賠償。10 萬台瑕疵筆電的金額絕對會是一個天文數字。即使運氣好，產品瑕疵的問題在組裝廠就被發現，已經被拿去生產所導致的整個模組或整台筆電也必須花大價錢去修補，這筆錢當然要算在生產 100 元零件的公司上。追索上述損失最簡單的方法當然是「扣住貨款不付」。不但扣住貨款，還會要求出錯方以各種看不見的方式進行賠償。

因為品質糾紛引發的問題，除了打呆帳並支付賠償款外，甚至會重創標的公司的商譽，使其未來在營運上產生困難。

所以投資者看到標的公司因為應收帳款天數太高，大打鉅額呆帳，以致股價下跌時，不要急著想進場撿便宜，因為標的公司後續的營收、毛利及利潤可能會大幅衰退，以致於股價短期間無法回升。

據 2021 年報載，康控 -KY 因為產品品質與責任歸屬與知名客戶認知有差距，導致應收帳款遲未收款。如表 3-24 所示，康控 -KY 在 2021 年提列鉅額呆帳後，營收隨即大幅下滑，直至 2024 年上半年營收及毛利率仍未恢復至鼎盛時期。

表 3-24　2020~2023 年康控應收帳款天數及呆帳損失

項目	2023 年	2022 年	2021 年	2020 年
應收帳款（百萬元）	565	554	1,063	3,902
營業收入（百萬元）	1,684	1,781	3,268	4,305
毛利（百萬元）	(28)	(622)	(81)	1,071
淨利（損）（百萬元）	(248)	(1,299)	(3,892)	(186)
應收帳款天數	123	114	119	330
呆帳損失（百萬元）	(2)	(46)	(2,626)	(30)

資料來源：作者整理

(3) 應收帳款太高可能導致經營危機

有時候標的公司應收帳款餘額如果長期一直居高不下，甚至逐年攀升，可能導致標的公司產生經營危機。例如，據媒體報導，影視特效製作公司 VHQ-KY 於 2021 年第 4 季以第 3 季財報淨值轉為負數，且未依主管機關規定通知期限更正並重新公告第 3 季財報為由，其股票從 2021 年 12 月 16 日停止買賣。

如表 3-25 所示，VHQ-KY 廣義的應收帳款（含合約資產）天數從 2016 年開始就高達 201 天，然後逐年拉高到 2020 年的

510 天及 2021 年第 3 季的 440 天，而這個天數還是因為這 2 年都提列巨額呆帳損失後才「這麼低」，如果這 2 年不提列呆帳損失的話，應收帳款還要提高到 771 天和 872 天。這個天數實在是太高！我們參考同樣有鉅額合約資產金額的工程相關行業如台船及中鼎等公司，其廣義的應收帳款天數也很少會超過 100 天及 150 天。

如表 3-25 所示，VHQ-KY 從 2016 年到 2019 年 4 年帳上稅後淨利合計約 15.57 億元，但鉅額應收帳款爆破之後，2020 年及 2021 年第 3 季止，合計的稅後淨損達 21.18 億元。這個案例告訴我們，應收帳款太高有多恐怖！所以一定要遠離應收帳款天數遠高於同業的公司。

表 3-25　VHQ-KY 廣義的應收帳款（含合約資產）天數

項目	2021 3Q	2020	2019	2018	2017	2016
應收帳款（百萬元）	237	275	756	593	1,014	569
合約資產（百萬元）	925	1,230	1,500	1,004	-	-
廣義應收帳款合計數（百萬元）	1,162	1,505	2,256	1,597	1,014	1,031
當年度營業收入（百萬元）	720	1,077	1,875	1,850	1,296	1,031
當年度認列呆帳數（百萬元）	369	770	85	25	-	-
應收帳款天數	440	510	439	315	286	201
如果不認列 2020 及 2021 呆帳，應收帳款天數	872	771	439	315	286	-
當年度淨（損）益金額（百萬元）	（804）	（1,314）	444	510	343	260

資料來源：公開資訊觀測站，並經筆者計算而得

重點

1. 當特定公司應收帳款天數高過標準 20% 的時候，投資人必須注意，當應收帳款天數超過合理天數 30% 以上時，投資人就必須警惕。
2. 當特定公司應收帳款天數長期不退，甚至越來越高時，最好離場為宜。
3. 當特定公司大打呆帳後，短時間內宜多觀察，切忌貿然以為可以逢低入場。

其他應收款及預付款項

經營企業直接必須要的資產主要是「不動產、廠房和設備」「使用權資產」、「存貨」、「應收帳款」和「現金與約當現金」這五個科目。次要的是各項投資，如果這些投資是符合策略性或理財性目的的話。其他就屬於對於本業獲利只有間接關係或是比較無關的資產了。對本業獲利比較無關的資產通常是比較無用甚至是糟糕的資產，這些資產種類很多，我們就來談談其中的「其他應收款和預付款項／貨款」。

企業把產品銷售出去以後，客戶還未給付的款項叫做「應收帳款」，那其他應收帳款是怎麼來的？**正常的其他應收款有公司賣斷應收帳款給銀行**，銀行未給付／扣押的部份，例如，假設大聯大賣斷 10 億元應收電子六哥帳款給銀行，銀行只給 8 億元，那剩下未給付的 2 億元就會列在「其他應收款」這個科目；**「應收出售資產價款」**，例如公司出售沒有在使用的廠房，還未收足之價款；**其他正常的還包括應收退稅款、應收政府補助款、應收子公司資金融通款、遊戲業應收透過通路商（如）銷售遊戲點數卡等。**

不正常的其他應收帳款有「資金融通予他人款」，是指不方便講或講不清楚的應收款。當標的公司帳上長期有金額巨大又講不清楚的其他應收款時，通常不是好事，因為首先這些其他應收款不會為公司賺取利潤或利潤甚微，更可怕的是它**有可能會變成收不回來的呆帳。**所以**當標的公司長期存在自己有，但同業沒有的鉅額說不清楚的其他應收款，投資人宜注意投資安全性！**

再來談「預付款項」，**企業通常是不需預付貨款或其他款項的。**例外是預付書報雜誌、飛機票款、營業稅的進項稅額或留抵稅額等，但這些預付款項的金額通常都很小。通常而言金額巨大的預付款項大多來自預付貨款，企業正常的預付貨款有以下三種情形：

一、 供應商或關係企業欠缺資金，所以以預付貨款方式對其進行**短期融資**；

二、 關鍵原材料大缺貨時以預付貨款方式綁定貨源，例如從 2021 年至今，很多 IC 設計公司每年都會預付上千億元貨款給台積電；

三、 企業訂購設備會預付部份貨款給設備製造商。

情形二及情形三的預付貨款有些公司會放在存出保證金科目，在此就不予細說。以上三種預付貨款大多屬於短期性質，但如果標的公司帳上長期有金額巨大的預付貨款呢？這當然是不正常的！更可怕的是，**這種預付貨款有可能會因對方交不了貨造成公司巨大的損失！**所以**當標的公司長期存在自己有，但同業沒有的巨額說不清楚的預付款項／貨款時，投資人宜注意投資安全！**

例如……，但為了避免造成業者的困擾，筆者就不舉例了，抱歉！

重點

當標的公司長期存在自己有，但同業沒有的鉅額說不清楚的其他應收款或預付款項／貨款時，投資人宜注意投資安全！

無形資產——商譽

無形資產是指看不到、摸不著的資產。有些企業基於業務需要購入看不到、摸不著的資產，比如台積電每年都會買一些專利及專門技術，比如台哥大為取得電信經營權必須支付給政府特許權利金（如表 3-25），例如很多公司為導入 SAP 資訊系統必須一次性支付數千萬至數億元的電腦軟體與導入顧問費。這些支出所取得的資產雖然看不到、摸不著，但大多可以為企業帶來商業利益，例如買進專利可以避免被告，導入電腦系統可以讓企業的運轉更順暢，會計上就將支出歸類為「無形資產」。在資產負債表上有些公司會將所有無形資產全部放在「無形資產」科目上，有些公司會放得比較清晰，例如台哥大就分成「特許權」、「商譽」及「其他無形資產」三個科目。

這些因為商業需要所取得無形資產，除了電信特許執照外，其餘金額相對於企業規模，一般都不會太大。真正會讓企業的無形資產科目大到引人注目地步的，往往是因為伴隨併購交易產生的客戶關係（或稱客戶名單）及商譽等無形資產。

所謂「客戶關係」、「商譽」就是企業在併購其他公司時，所花的錢多過被併購公司可以找到的淨資產價值時，這些超過的錢必須要有個說法，譬如因為被收購公司掌握的客戶群能為該公司賺取超額利潤，那麼這個客戶名單就是有價值的無形資產，就可以將一部份溢價金額分攤到客戶關係這個項目。如果經過分攤後仍然還有分攤不掉的部分，也就是當你都找不到理由，也無法舉證的時候，就列為「商譽」。

併購產生商譽是很正常的。假設蘋果想要以 23 兆元（撰筆時台積電市值〔879 元 x259.3 億股〕）買下台積電，但台積電截至 2024 年第 1 季的帳面淨值只有約 3 兆 6,357 億元。這差額 19 兆 3,643 億元必須有個去處，於是大家一起找台積電帳上低估的資產，假設發現不動產的市值高過資產負債表上的帳面價值 643 億元；等到有形資產找不到了，就開始找無形資產，比如台積電的生產技術獨步全球，而且還有許多專利，這些技術及專利一共價值 2 兆 3,000 億元；進一步研究發現，台積電與大客戶輝達以及其 CEO 黃仁勳有特殊情誼，這個情誼（客戶關係）值 3 兆元，現在剩下 14 兆元不知擺哪裡，就可以歸類到「商譽」了。

客戶關係和商譽主要的不同在於，依會計原則，客戶關係價值必須在假設存在的年限內攤銷，例如按 10 年攤銷。在蘋果併購台積電的假設中，3 兆元的客戶關係每年必須攤銷 3,000 億元。而商譽是只要企業因為併購，預計產生的效益繼續存在，依會計原則就可以原封不動的放在資產負債表上「萬古長青」。但若預計產生的利益減少了，「商譽」這個資產就必須減記。

會計原則規定商譽的價值，除非併購效益降低了，才須減記並承認損失是對的，而且非常正確了！但問題是如何評估？沒有當過執業會計師或是有併購經驗的公司財務長，是無法體會評估有多難的！我們可以這樣形容：「因為會計原則規定的太完美，以至於很難執行」。這讓我回憶起羅大佑的歌曲〈戀曲1980〉，其中唱到的「愛情這東西我明白，但永遠是什麼」？

所以在實務上，能像表 3-26 台達電、中美晶和如興一樣，有在減記商譽價值的企業相當少。另一方面表 3-26 所列公司除了如興獲利不佳外，其餘公司都是獲利績優公司，他們帳上的商譽並不一定需要減記。

表 3-26　台達電、中美晶和如興的商譽相關財報數字

2023 年	聯發科	國巨	台哥大	台達電	中美晶	如興
商譽	660	647	333	626	49	54
商譽累計攤銷金額	0	0	1	15	8	36
商譽淨額	660	647	332	611	41	18
特許權	0	0	722	0	0	0
其他無形資產淨額	152	276	60	174	16	7
合計	812	923	1114	785	57	25

資料來源：作者整理

併購效益之所以難評估，在於企業併購後往往會進行組織重整、再分割、再重組、遷廠、人事變動、產品更迭甚至商業模式改變等事項，天知道原來衡量商譽價值所依賴的資訊及事項到哪裡去了！另一方面，因為大股東和每一任的 CEO 每年都必須努力達成預計的盈餘，以免股價不保或是績效不彰。當公司獲利不佳，還必須再提列商譽損失，那股價豈不就崩盤了！所以只要原有的大股東或CEO還在位，往往會為商譽不需要提列減損或少提列減損，而提出各種證據和會計師「奮戰不懈」。反之，當公司因績效不彰被併購，大股東換人做或是新CEO上任，為了重新洗牌，就會提出各種減損證據將客戶關係和商譽價值一擼到底！例如將商譽打掉以降低每股淨值，讓新任CEO的任期初始有一個比較低的基期。以全球知名的企業美國奇異（GE）為例，該公司因為績效不彰在2018年連換了兩次CEO，當年度第三任CEO上台後不到一個月，就以其電力事業部門獲利沒有達到預期及其他理由，在2018年11月一口氣打掉將近230億美元的商譽資產[2]，隨後造成股價大崩跌。

讀者您認為GE帳上230億美元的商譽是逐漸流失的，還是一夕之間突然流失的？哪一個比較合理呢？

[2] Crooks, E.（2018, October 4）. *GE's $23bn writedown is a case of goodwill gone bad. Financial Times.* https://www.ft.com/content/9beb58f4-c756-11e8-ba8f-ee390057b8c9

重點

商譽是平時沒事，一旦有事就會出大事的科目，如果投資標的帳上有高額的商譽，而企業經營績效變差，甚至轉盈為虧超過 1、2 年時，投資人應該慎防投資標的可能會承認巨額商譽減損，對其獲利及股價產生重大的影響。

合約負債

我們常會在媒體上看到某某公司訂單滿到 2025 年的報導，然後這家公司的股票就大漲特漲！例如下筆的前一天晚上，有人告訴我，他們公司接到台積電公司大單，未來 4 年公司每年毛利率可以達到 50%，獲利金額可以逐年成長 50%。像這類消息到底是真的還是假的？事實上除非是惡意散佈不實消息，否則這些消息大部份是真的，但大部份也是假的！

先來說「訂單是真的」，以 2022 年 ABF 載板短缺為例，當時 PCB 這個產業只有三家公司，欣興、南電以及景碩有能力供應 ABF 載板，當時 ABF 載板市況熱烈異常，消息指出三家公司的訂單已經接到 2024 年了，在三雄召開的法說會上，三雄也是信心滿滿！所以各項研究報告紛紛預估 ABF 載板供給短缺問題在 2024 年前無解！但隨著 PCB 產業景氣轉冷，ABF 載板三雄 2023 年的營收及利潤就大幅下跌。以欣興為例，其營業額從 2022 年的 1,405 億元大降至 2023 年的 1,040 億元，稅後淨利更從 312 億元大降至 122 億元！這不禁讓人想要問「那些訂單哪裡去了」？

我們回過來說「訂單是假的」，現在的商業模式中很多買家特別是規模大、實力強的買家，採購時通常是不下訂單的，取而代之的是給供應商一張一年份的滾動預測（rolling forecast）表，例如給供應廠商按月交貨數量的一整年手機 forecast 數量表，記住，這只是 forecast，而特定月份真正確定的訂購量往往在交貨前一個月到一個半月前才會確定。所以很多人告訴你，他的公司接了大單其實是假的！因為他收到的只是對方發給他的 forecast 表。forecast 表上的數字隨著時間可增可減，換句話說「forecast 表僅供參考」。真正能為 forecast 表背書保證的只有產業景氣！只有買家存貨的銷售及去化狀況！所以請讀者不要在景氣反轉時，還念念不忘「那張大單～大單～大單～」

當景氣變化時，真正能確保不掉「訂單」的，只有白紙黑字不可撤銷的 purchase order、L/C 等，最好再加上一筆訂金！因為如果訂單撤銷的話，公司可以沒收訂金！不可撤銷 purchase order 或 L/C，除非公司直言說出，否則投資人並不知道，但是對於訂金這種能增加訂單可靠度的訊息，投資人是可以從財報中看到。

依會計原則，公司如果收到客戶預付款，在還沒有交貨給客戶然後承認收入前，這筆錢對企業來講是一筆預收貨款，預收貨款在會計上的名詞叫「合約負債」，當我們在公司的財報中看到「合約負債」時，代表有客戶為了某種原因預付貨款給企業。

以漢唐為例，漢唐是台灣承做半導體工廠無塵室的主力廠商之一，如表 3-27 所示，漢唐的資產負債表中就有金額巨大的「合約負債」。

表 3-27　漢唐的資產負債表

十二月三十一日　　單位：新台幣千元

負債及權益	112.12.31 金額	%	111.12.31 金額	%
流動負債：				
銀行借款(附註六(十四)及(二十五))	$ 3,230,043	7	-	-
合約負債－流動(附註六(二十二))	19,402,155	42	13,682,905	40
應付票據(附註六(二十五))	9,069	-	19,541	-
應付帳款(附註六(二十五))	8,312,201	18	6,212,542	19
應付帳款－關係人(附註六(二十五)及七)	15,725	-	37,702	-
其他應付款項－關係人(附註七及十二)	185,135	-	178,992	1
本期所得稅負債	667,891	1	673,039	2
負債準備－流動(附註六(十五))	8,177	-	19,926	-
租賃負債－流動(附註六(十一)、(十七)及(二十五))	63,536	-	75,776	-
其他流動負債(附註六(十六)、(十八)及(二十五))	1,178,125	3	998,243	3
流動負債合計	33,072,057	71	21,898,666	65
非流動負債：				
負債準備－非流動(附註(十八))	125,169	-	126,483	-
遞延所得稅負債(附註(十九))	465,894	1	259,007	1
租賃負債－非流動(附註六(十一)、(十七)及(二十五))	94,400	-	299,441	1
其他非流動負債(附註六(十六)及(二十五))	278,208	1	278,602	1
非流動負債合計	963,671	2	963,533	3
負債總計	34,035,728	73	22,862,199	68

資料來源：漢唐 2023 年財報

企業報表中出現「合約負債」有幾個原因，第一個是產業特性，如表 3-28 所示，通常工程業、設備製造業及建設業等，因為產品有獨特性及專有性，都有簽約收訂金的商業習慣，例如你去簽約買房子時，建商一定要求收一定成數的訂金。第二個原因是公司的產品太搶手，客戶只好以各種方式付錢搶產能，例如台積電 2023 年底就預收了 2,164 億元（放在報表的其他流動負債及其他非流動負債科目中）。

對於有繳交訂金的交易，客戶為了怕取消訂單時定金會被沒收，「通常」比較不會毀約。所以合約負債表達的是未來會有很穩定的營業收入。例如表 3-29 所示，漢唐的合約負債逐年攀升，獲利也逐年成長。

當你看到特定公司的合約負債金額越高，意謂著往後的營業收入越高、越有保障，沒有意外的話 EPS 會越高。所以當合約負債攀升，而股價不高的話，會是投資入場的好時機。

表 3-28　帳上容易有合約負債的產業

業別	建設工程業	無塵室工程	設備製造業	造船業	建設業	晶圓代工
公司	中鼎工程	漢唐	弘塑	台船	華固	台積電
合約負債金額（億元）	314	194	12	62	37	2,164

資料來源：作者整理

表 3-29　漢唐合約負債越高，次年獲利越高

項目	2023	2022	2021
合約負債金額（億元）	194	137	72
淨後淨利（億元）	47	39	28

資料來源：作者整理

難以估列以致無法入帳的負債

在企業經營上，有些負債很難衡量以致難以適當入帳。因為未適當入帳，不僅讓資產負債表有問題，損益表當然也有問題。於是這筆負債就變成一把懸在企業頭頂上的刀子，不知道它會不會掉下來？何時會掉下來？

例如英國石油公司（BP）在 2010 年因其墨西哥灣（Gulf of Mexico）鑽油平台漏油，造成墨西哥灣及沿岸大面積的嚴重污染。面對這項嚴重漏油事件，BP 除了必須負擔停止漏油費用外，還被包括美國聯邦政府、墨西哥沿岸各州政府、各郡政府、各地漁民、各地觀光業者……（總之族繁不及備載）索賠。求償及罰款的名目包括違反環保、各項民事賠償、環境復原、公安等等，依法這些索賠大多會成立，但是最終到底要賠付多少，在2010 年事件發生當時很難合理估計。所以英國石油公司只能在2010 年先估列 409 億美元當做油污事件的總損失金額，然後每年依油污處理、各項索賠以及訴訟情形逐年追加損失，並在各年度財報附註中說明油污清除、訴訟及理賠情況。當 2018 年事件將近落幕時，BP 的財報顯示，從 2010 年至 2017 年墨西哥灣鑽油平台漏油事件總損失高達約 650 億美元[3]。依事件的發展逐年承認損失的做法雖然符合會計原則，但我們也可以說 BP 從 2010 至 2017 年的財報都有嚴重低估損失及負債的情形存在。

企業財報可能低計損失及負債，讓以後年度獲利大減的情形，絕大部份都與訴訟有關。這些訴訟包括稅負、專利、反托拉斯法（anti-trust）及環保規定等。當訴訟一起往往耗時數年才能定案。例如，蘋果電腦多年來被歐盟指控在愛爾蘭不當避稅，現正面臨 130 億歐元的補稅官司；再例如，2015 年台灣光罩盒供應商家登被美商英特格（Entegris）指控侵犯專利權求償10 億元，以家登當時的規模，按邱銘乾董事長的回憶是「讓家登差一點下地獄」；例如，2010 年我國友達、奇美、華映及彩

❸ Author Unknown. (2018, January 16). *BP's Deepwater Horizon bill tops $65bn*. The Guardian. https://www.theguardian.com/business/2018/jan/16/bps-deepwater-horizon-bill-tops-65bn

晶 4 家面板廠被美國司法部提告違反反托拉斯法，累計全球罰鍰高達 536 億元，並強迫數名高階主管遠赴美國閉門進修一段時間；再例如，1989 年埃克森美孚（Exxon）的油輪在阿拉斯加（Alaska）觸礁，溢出的 1,100 萬加侖原油污染了阿拉斯加大約 1,500 英哩海岸線，埃克森美孚一開始被要求 50 億美元的懲罰性賠償金。

依據會計原則，難以衡量的負債，公司必須盡可能估列，並且在附註中加以說明。但應該如何估列及說明呢？實務上為了打贏官司，並防止股價「非理性下跌」，我們通常很難在會計師的查核報告中以及公司財報附註內看到對官司清晰的說明。反而是從財經媒體上看到勤奮不懈的記者所訴說的「事情大致原委」比較可靠！

通常而言被告的企業，如果求償金額巨大，股價通常會下跌，一旦案情有不利消息，例如一審敗訴，股價會有大波動，因此聰明的投資人對發生訴訟的企業，必須根據求償金額、企業規模以及當時股價謹慎評估。如果沒有把握就不要輕易入場。另一方面若官司有正面發展，可能會是個不錯的入場時點。例如美光曾在 2017 年以聯電侵害其營業祕密為由，控告聯電應賠償 2,700 億元，相當於聯電 2 倍的資本額。後來雙方在 2021 年 11 月達成和解，由聯電向美光一次支付金額保密的和解金（據悉金額不大），到後來，聯電當年第 4 季的股價就高於以往了。

重點

1. 當標的公司面臨巨額求償的訴訟時，不宜貿然入場，甚至應該考慮出場。

2. 另一方面，多花一點時間去了解被告公司的規模、訴訟內容及訴訟發展狀況，有時會給投資人帶來驚喜。

CHAPTER

4

從公司的「自由現金流量」判斷獲利品質與股價本益比

現金流量表表達的是企業獲利的品質，
換句話說就是，損益表中的獲利金額到底有多少可以真正以現金的方式，
透過現金股息、減資或回購股份方式，即早還返給股東的報表。

第一節：看懂現金流量表的 3 大關鍵

「現金流量表」是非常難以看懂的報表，但是只要抓著訣竅反而是很容易看懂的報表。為了學會如何抓住訣竅，我們要先了解現金流量表的呈現方式。「現金流量表」是將企業的現金進出分成 3 大子表來表達。第一張子表是「來自營業活動之現金流量」，第二張子表是「來自投資活動之現金流量」，第三張子表是「來自籌資活動之現金流量」。以下根據這 3 張子表詳細解釋給讀者了解。

一 . 營業活動之現金流量表

營業活動是指一家企業從購買原料、僱用人工、投入生產，得出產品後把產品賣給客戶的活動。企業在這個活動中，可藉由出售產品向客戶收取貨款（現金），但為了生產產品及維持企業正常的運作，企業也必須支出原料貨款、各類人員薪資、水電瓦斯費、保全費用、資訊費用、交際應酬等等。

營業活動其實就是「企業從事本業的賺錢活動」。分析營業活動之現金流量，就是在分析企業到底從賺錢這個偉大活動中「從本業活動中賺得多少現金」？有讀者會疑惑，損益表不就表達企業賺多少錢了嗎？「現金流量表」與「損益表」到底有何不同？

損益表顯示的獲利數 vs. 營業活動之現金流量

損益表顯示的獲利數（稅後淨利）之所以不同於營業活動之現金流量，主要原因有三：

1. 損益表中的各種收入與成本及費用與實際收付時間存在著時間差異：

會計原則認列各種收入與成本及費用是採用應計基礎。例如台積電將蘋果 A18 處理器賣給蘋果後，就會立刻認列營業收入及應收客戶帳款，而這筆應收帳款通常要 1 個月後才能真正收到錢（現金）。相同的情形，台積電向環球晶採購晶圓後，通常也要 2 個月後才會支付環球晶貨款。事實上，除了零售業的收入以外，幾乎所有企業的收入和費用都存在認列點與實際收付點的時間差。所以損益表中台積電賺多少錢，不表示台積電當年度就會取得等額的現金。

有些企業的經營模式會讓企業賺取現金的速度比損益表上的獲利數快很多，例如統一超付款給供應商可能是貨到後約 2 個月，可是你去超商買便當時可以說「等我吃完便當 2 個月後再付款」嗎？所以它們賺取現金的速度要比損益表上的稅後淨利快很多。**對於收錢收得很爽快的產業，我們稱之為「先收後付型產業」。**

但也有些產業的經營模式會讓企業賺取現金的速度比損益表上的獲利數慢很多，例如很多半導體通路業者，像大聯大、文曄，它們背後的供應商往往是高通（Qualcom）、聯發科及德州儀器（Texas Instruments）等大廠，向這些大廠進貨通常是貨到後 1 個月左右就必須付款，可是他們將貨品賣給電子代工大廠，通常要數個月後才能收到款項。所以它們賺取現金的速度要比損益表上的稅後淨利慢很多。**對於收錢收得很慢的產業我們稱之為「先付後收型產業」。**

2. 損益表中的折舊及攤銷費用是不用花錢的：

折舊及攤銷費用無須花錢是因為企業在當初買廠房、設備及無形資產時，就已經付清了，然後再分好幾年以提列折舊及攤銷費用方式把原先所付的錢慢慢收回來。由於「先買後提折舊」的特性，越是花鉅資建廠房、買設備的資本密集產業，其折舊及攤銷費用越高。因此每年從營業上賺取的現金會比「稅後淨利」高很多。例如，荷蘭殼牌石油（Royal Dutch Shell）2023 年帳上稅後淨利是 196 億美元，但其營業活動賺取的現金高達 542 億美元，中間的主要差異就是當年高達 313 億美元的折舊及攤銷費用所致。

3. 有些活動所收到或付出的錢和營業活動無關：

有些企業收到或付出的錢，如出售不動產的資本利得、轉投資活動賺得的利息、股利及投資損益，向銀行借款所支付的利息等，這些企業的投資或理財活動和企業本業活動無直接關聯。這些收入及支出會被營業活動中排除出去，改列為投資或籌資活動的現金流量進出。例如台積電的財務操作一向非常好，以 2023 年為例，台積電共賺得 603 億元的利息收入，**但台積電的本業是晶圓代工，不是投資，所以如表 4-1 所示，這 603 億元的利息收入就被排除在營業活動之現金流量外。**

表 4-1　台積電 2023 年現金流量表（摘要）——營業活動

會計項目	2023 年度	2022 年度
單位：仟元	金額	金額
營業活動之現金流量		
稅前淨利	**979,171,324**	**1,144,190,718**
調整項目：		
收益費損項目		
折舊費用	**522,932,671**	**428,498,179**
攤銷費用	**9,258,250**	**8,756,094**
預期信用減損損失（迴轉利益）—債務工具投資	35,745	52,351
財務成本	11,999,360	?11,749,984
採用權益法認列之關聯企業損益份額	(4,655,098)	(7,798,359)
利息收入	(60,293,901)	(22,422,209)
股份基礎給付酬勞成本	483,050	302,348
處分及報廢不動產廠房及設備淨損（益）	(369,140)	(98,856)
處分及報廢無形資產淨損（益）	(3,045)	6,004

不動產、廠房及設備減損損失	-	790,740
透過損益按公允價值衡量之金融工具淨利益	(12,355)	-
處分透過其他綜合損益按公允價值衡量之債務工具投資淨損失	473,897	410,076
處分採用權益法之投資淨益	15,758	-
外幣兌換淨損(益)	(246,695)	(10,342,706)
股利收入	(464,094)	(266,767)
其他	(337,935)	138,827
與營業活動相關之資產/負債淨變動數		
透過損益按公允價值衡量之金融工具	289,570	(1,354,359)
應收票據及帳款淨額	28,441,987	(32,169,853)
應收關係人款項	959,507	(868,634)
其他應收關係人帳款	(2,896)	(7,444)
存貨	(29,847,940)	(28,046,827)
其他金融資產	1,878,712	(1,680,611)
其他流動資產	(12,530,880)	(4,450,883)
其他非流動資產	(720,278)	-
應付帳款	847,049	7,594,105
應付關係人款項	(76,337)	205,451
應付薪資及獎金	(3,234,946)	12,633,409
應付員工酬勞及董監事酬勞	(11,031,630)	25,223,833
應付費用及其他流動負債	(44,466,734)	46,578,784
其他非流動負債	13,329,895	101,390,476
淨確定福利負債	(687,223)	(2,538,848)
營運產生之現金	1,401,842,412	1,697,160,435
支付所得稅	**(159,875,065)**	**(86,561,247)**
營業活動之淨現金流入	**1,241,967,347**	**1,610,599,188**

和營業活動無關

反映收支時間差

資料來源:台積電 2023 年報

所以我們可以將表 4-1 營業活動之現金流量表裡那麼多數字的加加減減，歸納成表 4-2 的計算觀念，讓思惟更簡單化：

表 4-2　營業活動現金流量表的呈現方式

稅前淨利
＋　不用花錢的折舊及攤銷費用
±　和營（本）業活動無關的收支
±　損益表收入或費用承認時點與現金實際收付時點差異
－　當期實際支付所得稅金額
＝　營業活動之淨現金流入

營業活動之現金流量代表「企業損益表獲利的品質」，因為只有穩定且量大的現金流入才能讓企業在不增資情況下分配豐厚股息、擴廠或是從事併購。分析一家公司營業活動之現金流量是否穩定，通常可以從下列 4 個科目的數字去抓取「營業活動現金流量」的重點：

稅前淨利＋折舊及攤銷費用－所得稅支付數 vs. 營業活動之淨現金流入（流出）

例如台積電 2023 年損益表上，稅前共賺得 9,792 億元，加上當年度不用花錢的折舊費用 5,229 億元、攤銷費用 93 億元，減掉當年度實際繳納的所得稅 1,599 億元，得出金額為 1 兆 3,515 億元。這個金額與台積電 2023 年從營業活動中創造出來的 1 兆 2,420 億元現金，只差 1,095 億元。這個差異數小於營業活動淨流入數的 10%，已經可以從大方向抓住營業活動現金流入的主要來源了。

台積電營業活動之現金流量告訴我們兩件事：

1. 台積電每年從營業活動產生的現金相當穩定，約為：

   稅前淨利＋折舊及攤銷費用－所得稅支付數

2. 台積電不用花錢的折舊及攤銷費用 1 年高達 5,000 多億元，而且 2024 年這個數字將會突破 6,000 億元。這個數字告訴我們，即便台積電 2024 年獲利為 0 元，透過不用花錢的折舊及攤銷費用，營業活動還是可以為公司產生約 6,000 多億元的現金。這數字遠大於於台積電 2024 年必須支付的 3,000 多億元股利數。

重點

1. 分析一家公司營業活動的現金流量是否穩定，通常只要把「稅前淨利（淨損）＋折舊及攤銷費用－支付的所得稅」和營業活動之現金流入（流出）數相比較，**如果歷年來一直保持著變化不大的「正向比例關係」或很小的數字差異，表示企業的獲利模式穩定**；反之，如果無法呈現變化不大的「正向比例關係」，而且每年的差異很大，就表示獲利模式不穩定，獲利品質不是很好。
2. **營業活動現金流入金額越高、越穩定，表示公司越有能力支付高額股息、不需增資甚至借款就能支應擴廠或從事併購等活動，從而逐年提高 EPS 以及股價。**例如台積電因為十多年來營業活動現金流入金額相當穩定，讓它可以在不增資情形之下不斷擴廠，藉此讓 EPS 及股價逐年升高。

2. 投資活動之現金流量

「投資活動」是指公司取得或處分不動產、廠房與設備、策略性投資、理財性投資以及一些通常不值一提的活動的現金流入及流出。我們可以看到投資活動之現金流量表也是一大堆數字加加減減，讓人看了心煩。要了解企業投資活動的重點，我們可以將投資活動分成 6 大類來分析：

6 大類投資活動

1.「不動產、廠房及設備」增添或處份的現金收支：

正常企業，特別是資本密集及技術密集產業，每年或多或少會增添「不動產、廠房及設備」，以保持規模或設備、科技上的優勢。**從企業每年花了多少錢去增添「不動產、廠房及設備」，可以看出企業的企圖心與成長可能。所以這是整個投資活動流量表中最值得注意的項目。以台積電為例，表 4-4 顯示它在 2023 年及 2022 年花在購置「不動產、廠房及設備」的金額分別高達 9,498 億元及 1 兆 827 億元。**

再如從表 4-3 英特爾的現金流量表（摘要）中，我們可以看到其「不動產、廠房及設備」的投資，從 2020 年的 142 億美元一路拉高到 2023 年的 257 億美元。雖然金額比不上台積電同期從台幣 5,072 億元拉高到 9,498 億元，但仍然可以看出英特爾追趕台積電的企圖心。

另一方面，企業偶爾也會處分一些用不上或是利用率不高的「不動產、廠房及設備」，只要金額不高，也屬正常。

表 4-3　英特爾近 3 年現金流量變化 單位：百萬美元

會計項目	2023 年	2022 年	2021 年	2020 年
Cash flows provided by (used for) investing activities: **Additions to property, plant and equipment**	-25,750	-24,844	-18,733	-14,259

資料來源：10-K filed by Intel

2. 策略性投資的現金收支：

「策略性投資」指的是企業基於長期合作或其他目的的需要，而長期投資其他公司股份或公司債的行為。

企業基於策略性入股或買入其他公司股權到一定程度，因而對被投資公司的決策有影響力時，這樣的投資會被歸類為「採用權益法之投資」。例如 2020 年全球第二大半導體通路商大聯大，看上第四大的文曄，最終在當年度花了 100 多億元取得文曄 20% 左右的股權，就是著眼於長期的合作甚至於最終合併的可能。如果投資目的是著眼於策略需要，但是投資比重還達不到對被投資公司具有「影響力」時，依會計原則的規定，必須要放在「透過其他綜合損益按公允價值衡量之金融資產」這個科目之下。

例如文曄為了反制大聯大，尋找到祥碩當它的白馬王子，透過和祥碩換股，文曄持有祥碩 13% 的股權。由於自認為對祥碩不具影響力，文曄這項「投資」就放在「透過其他綜合損益按公允價值衡量之金融資產」項目之下。

另一方面，企業偶爾也會處分一些不再具備策略性意義或策略性意義降低的投資，也屬正常。

所以重點是：**每當企業**投資活動之現金流量中**「採用權益法之投資」，或是「透過其他綜合損益按公允價值衡量之金融資產」有鉅額金額變動時，要注意這項投資是否代表企業的策略或企圖心有所變化。**例如大聯大在 2023 年開始少量出售所持有的文曄股票，代表大聯大不再尋求雙方的合作可能，又因為當初購入成本低，也為大聯大 2024 年及以後年度繼續售股可增加的 EPS 增添想像空間。

3. 理財性投資的現金收支：

企業財務人員基於理財需要，常會存取定期存款、買賣基金、債券甚至股票。這些投資行為在現金流量表上會以買進或賣出「透過損益按公允價值衡量之金融資產」、「透過其他綜合損益按公允價值衡量之金融資產」、「按攤銷後成本衡量之金融資產」出現，或是以這些科目的淨增減數呈現。**這些變動與其說是投資，不如說是理財行為。**有人會問，既然都歸類為投資活動，為什麼要在投資活動流量表中將「策略性投資」與「理財性投資」分隔開來？這是因為，策略性投資通常是長期投資、發生次數少，而**理財性投資通常在短期內進進出出，金額在現金流量表中看起來常會很嚇人，但如果將這些取得及處分金額合併之後，淨增減數往往很小，即使淨增減數不小，這些理財行為實在沒有太大意義！**我們從表 4-4 可以看到，台積電 2023 年及 2022 年投資現金流量表中不斷出現取得或是處份「透過損益按公允價值衡量之金融資產」、「透過其他綜合損益按公允價值衡量之金融資產」、「按攤銷後成本衡量之金融資產」，這些理財進出數字加減之後之淨額其實相當小，簡直就是來精神騷擾讀者的！

4. 金額不大的股息、利息：

企業會因擁有股票、基金及債券而賺得股息及利息。這些金額一般不大（台積電例外），所以通常不必理會。

5. 企業併購交易：

企業併購另一家企業，往往是支付一筆錢出去，但同時又會換回各式各樣的資產。併購交易在現金流量表上的呈現方式實務上非常混亂，一旦企業有併購交易時，建議讀者閱讀相關財報附註。

6. 可略過不看的科目：

其他如投資性不動產、其他金融資產、應收關係人帳款、存出保證金等之增減，因較不常見或是金額不重大，通常不需深入探討。

重點

一家穩健的公司，大多聚焦在核心事業的擴張與策略性投資。核心事業的擴張主要反映在取得不動產、廠房及設備；策略性投資反映在投資企業上下游事業及平行事業，以增加企業影響力。所以當我們閱讀**投資活動之現金流量時，主要就是看不動產、廠房及設備的收支，以及策略性投資的收支及內容。至於占篇幅最多的各項理財性投資的取得及處份，通常無需關切！**

表 4-4　台積電 2023 現金流量表（摘要）——投資活動

絕大部分都是理財性投資

會計項目	2023 年度	2022 年度
單位：仟元	金額	金額
投資活動之現金流量：		
取得透過損益按公允價值衡量之金融資產	(14,142,072)	(125,540)
取得透過其他綜合損益按公允價值衡量之金融資產	(62,752,002)	(54,566,725)
取得按攤銷後成本衡量之金融資產	(149,387,898)	(183,125,920)
處分透過其他綜合損益按公允價值衡量之金融		
資產價款	35,698,575	44,963,367
按攤銷後成本衡量之金融資產領回	134,605,822	62,329,674
透過其他綜合損益按公允價值衡量之權益工具投資成本收回	127,963	2,938

除列避險之金融工具	68,237	1,684,430
收取之利息	55,887,164	18,083,755
收取政府補助款－不動產、廠房及設備	47,544,746	7,046,136
收取政府補助款－其他	1,152	5,296
收取其他股利	445,129	266,767
收取採用權益法投資之股利	**3,076,042**	**2,749,667**
採購不動產、廠房及設備	**(949,816,825)**	**(1,082,672,130)**
取得無形資產	(5,518,414)	(6,954,326)
處分不動產、廠房及設備價款	703,904	983,358
處分無形資產價款	3,078	12,636
預付租賃款增加	(63,153)	-
存出保證金增加	(4,056,496)	(2,117,041)
存出保證金減少	1,454,012	505,423
投資活動之淨現金流出	**(906,120,596)**	**(1,190,928,235)**

約當現金及理財性投資孳息

策略性投資報酬

一般所稱的資本支出

資料來源：台積電 2023 年報

3. 籌資活動之現金流量

籌資活動是指企業向股東拿錢、還股東錢以及舉借或償還借款的活動。向股東拿錢就是現金增資，還股東錢包括現金減資、回購自家股票以及支付股息給股東。舉借或償還借款主要包括：向金融機構借錢、還錢，發行或贖回公司債，以及支付相關的利息等。

要了解企業籌資活動的重點，可以將籌資活動分成 5 大類來分析：

5 大類籌資活動

1. 發放現金股利：

支付股息通常是企業籌資活動中最常見的現金流出活動。以台積電為例，2023 年就支付了 2,917 億元股息給股東，因為股票也在美國掛牌，台積電也學歐美大型企業，以很穩定但配息率（股息／獲利）不高的方式支付股息，並且也知道要隨時間逐漸增加股息。另一方面台灣很多企業似乎沒有股利政策，有些公司以財務穩健為由，將大部分盈餘留在公司，以致負債比率偏低！有些公司可能根據資本支出來反推可以提供的股息！有些公司的股息配發政策更像是依心情而定。

2. 辦理現金增資、現金減資或回購自家股票：

台灣穩健的大企業通常很少會辦理大規模的現金增資、減資或回購公司股票。以台積電為例，其已經很久不曾辦理現金增資，即便要讓員工執行認股權，也會從股票市場上買回同數量股份，讓對外發行的股數保持不變。從表 4-5 中我們發現，台積電有小額回購公司股票，就是為了供員工執行認股權之用。記得幾年前台灣曾有多家公司，例如鴻海、國巨等辦理減資，這些公司立意雖佳，但是在辦理減資時，大多被嚴厲批評是存心不良，並導致股價下跌。後來辦理大規模減資的公司就更少了。

另一方面，大規模回購自家股票（其實就是另一種形式的配發股息）在歐美企業是一種常態，並且與分派股息一樣深受股東歡迎。例如蘋果公司在過去 10 年就透過回購股票返還約 5,000 多億美元給股東。波音公司（Boeing）在 737 MAX 客機出現問題前，每年大約會花 90 億美元回購公司股份。

3. 發行或贖回可轉換公司債：

發行可轉換公司債，嚴格講就是辦理現金增資，只是要花一點時間才能完成債轉股的過程。至於籌資活動現流表上出現「贖回可轉債」，通常意味著公司業績不佳，股價一直低於可轉債的轉換價格，以致投資人寧願等可轉債到期再贖回。

4. 增加或減少長短期借款、租賃款及普通公司債：

企業經營過程中，借錢與還錢都是很正常的行為，所以對於籌資活動現流表中，這些借款的進進出出就不必太在意。

5. 支付銀行借款及公司債利息：

有借有還，再借不難，這裡當然還包括借款利息。由於相對於營收或借款金額，利息實在太微不足道，所以也不必太在意。

6. 其他事項：

除非是特殊產業，否則一般都小到可以忽略的地步。

從表 4-5 台積電 2023 年籌資活動之現金流量中，支付現金股利 2,917 億元，占整個籌資活動現金流出數 2,049 億元的絕大部分，差額主要就是公司債及長短期借款進進出出的淨增加數。事實上，台積電歷年來的主要籌資活動就是發股息，直到近幾年才增加「可以不必做，但基於有利差可圖還是去做」的增加借款活動。

重點

「籌資活動」通常是三張子表中比較不重要的報表。最值得注意的是「支付現金股利」金額，以及「增資（包括發行可轉債）」金額。

表 4-5 台積電 2023 現金流量表（摘要）——籌資活動

會計項目	2023 年度	2022 年度
單位：仟元	金額	金額
籌資活動之現金流量：		
短期借款減少	–	（111,959,992）
避險之金融負債－銀行借款增加	27,908,580	–
發行公司債	85,700,000	198,293,561
償還公司債	（18,100,000）	（4,400,000）
舉借長期借款	2,450,000	2,670,000
償還長期銀行借款	（1,756,944）	（166,667）
支付公司債發行成本	（88,681）	（414,307）
買回庫藏股票	–	（871,566）
租賃本金償還	（2,854,344）	（2,428,277）
支付利息	**（17,358,981）**	**（12,218,659）**
收取存入保證金	230,116	271,387
存入保證金返還	（367,375）	62,100
支付現金股利	**（291,721,852）**	**（285,234,185）**
因受領贈與產生者	16,448	13,225
非控制權益增加	11,048,781	16,263,548
籌資活動之淨現金流出	**（204,894,252）**	**（200,244,032）**
匯率變動對現金及約當現金之影響	（8,338,829）	58,396,970
現金及約當現金淨增加數	122,613,670	277,823,891
年初現金及約當現金餘額	1,342,814,083	1,064,990,192
年底現金及約當現金餘額	1,465,427,753	1,342,814,083

舉借或償還借款相關

支付股息

資料來源：台積電 2023 年報

重點

簡單就是美，好公司的主要現金流量，就是可以從營業活動中賺取足夠與穩定的現金，再把這些現金花在「資本支出」、「策略性轉投資」以及「返還股東」三大支出中。

第二節：從現金流量評估個別公司獲利品質

在本章一開始曾提到，損益表表達的是企業獲利的架構與金額，現金流量表則可以衡量企業獲利的品質。以下將企業的獲利品質分成 4 大類來介紹：

4 大類企業的獲利品質

1. 長期賺不到現金的公司

企業的最大使命就是賺錢，而且是賺到現金，然後回饋給股東。長時間沒有賺到現金的公司可能是產業長期處在極端惡劣狀況，例如幾年前倒了一大片的記憶體製造業、太陽能長晶業等；營運尚還未達到損益兩平點，以致還在虧損的公司，例如一些生技業等；尚處於創業早期的高科技業，例如部份掛在創新板企業；公司營運不佳的產業；最後一種是帳務有問題的企業。投資人投資股票靠本事、靠運氣，贏者歡喜連連，輸者願投服輸，但……投資人最不甘心的事應該是被財報不實所欺騙了。

大部份財報不實的股票顯現在現金流量表的特徵是「損益表明明很賺錢，偏偏與營業活動之現金流量長期間保持負數」。這是因為低級的財報不實，如表 4-6 所示，往往會將虛增營收與獲利所創造出來的資產，藏在應收帳款及存貨中，從而導致營業活動現金流一直呈現負數的現象。

損益表明明很賺錢，與營業活動之現金流量卻是負數，不表示就是假帳。事實上有些產業因為收款比付款慢，以致於這種產業中的企業出現損益表明明很賺錢，與營業活動之現金流量有時出現負數情形，是很正常的。以下介紹這種產業。

表 4-6　長期賺不到現金的公司（沒有賺到現金的公司）　　單位：百萬元

揚華	2014 年	2013 年	2012 年
稅後淨利 A	267	178	81
負債比率	57%	50%	40%
營業活動賺得的現金 B	-56	-261	-224
處份資產（主要）C	24	25	176
舉債	177	196	67
增資	-	-	100

比較方法：A vs. B ＋ C，孰高
資料來源：作者整理

2. 現金賺得「慢」的產業

有些產業的經營模式會讓企業賺取現金的速度比損益表上的獲利數慢很多。這些產業主要如「IC 通路業」，例如大聯大、文曄等公司；「租賃業」，例如和潤、中租和裕融等公司。

「IC 通路業」向上游 IC 設計業進貨時，應付帳款天數通常只有 1 個多月，但賣給電子代工廠等製造業的應收帳款天數往往長達數月，加上毛利率低，就造成企業營收成長且獲利增加時，因為應收帳款及存貨大幅增加，營業活動之現金流是負數，反之營業萎縮獲利減少時，因為收回先前生意好時巨額應收帳款以及存貨減少，讓營業活動之現金流反而轉為正數的現象。

另一方面，「租賃業」出租資產（放款）給承租方時，會產生鉅額應收帳款（貸款金額），然後分個幾年逐年收回這些帳款及利息。這些都是典型的「先付後收型產業」。

收錢慢產業的負債比率通常會比較高，現金股利率通常也因而不會太好，加上應收帳款太高讓投資人擔憂應收帳款的品質。這三個因素讓這些產業的股價本益比不會太高。

其實能在「先付後收型產業」出頭的企業，例如「IC 通路業」的大聯大、文曄等公司的經營管理力度與品質都很強，偏低的股價造成較高的殖利率，最近 3 年來吸引了多家高股息被動型 ETF 將其納入成分股，讓多年來嚴重偏低的股價得以揚眉吐氣。另一方面「租賃業因為全球景氣不佳」，放款品質令部份投資人擔憂，以致股價嚴重下跌。但就是因為股價偏低，才值得投資人深入研究與關注。

表 4-7　現金賺得慢的產業（先付後收型產業）　　單位：億元

大聯大	2023 年	2022 年	2021 年	2020 年
稅後淨利 A	82	106	116	82
營業活動現金流量 B	162	(61)	(190)	178
資本支出淨額 C	(6.4)	(6)	(19)	(60)

比較方法：A vs. B，孰高
資料來源：作者整理

3. 現金賺得「快」的產業

有些產業的經營模式會讓企業賺取現金的速度與損益表上的獲利數相當或是快很多。這些產業包括電子商務產業，例如從前的亞馬遜（Amazon）和富邦媒等公司（momo）；零售產業，例如統一超、全家、全聯、大樹、寶雅等公司；餐飲連鎖業，例如瓦城等公司。它們對供應商可能是貨到後 2~3 個左右月才付款，可是你去超商買便當時可以說「等我吃完便當 2 個月後再付款」嗎？所以它們每年賺取現金的金額往往比損益表上的稅後淨利多。從表 4-8 所示，全家過去 4 年營業活動的現金流入金額都遠超過稅後淨利，讓其每年的股利率都在 80% 左右。

對於收錢收得很爽快的產業，我們稱之為「先收後付型產業」。這類型公司要出頭不容易，可是只要經營得當，營業收入一旦超過損益兩平點，獲利及營業活動帶來的現金流入金額往往會呈現爆發式成長。在資金優勢下，不但股息豐厚，甚至有能力在不增資情形下從事展店、擴廠、興建物流中心、甚至併購等投資活動。然後在良性循環下，規模及獲利與日俱增。這類型產業特別是在剛成功後的擴張階段，雖然本益比都很高，但十分值得投資人注意。

表 4-8　現金賺得快的產業（先收後付型產業）　　單位：億元

全家	2023 年	2022 年	2021 年	2020 年
稅後淨利 A	17	19	14	22
營業活動現金流量 B	114	102	86	107
租賃本金償還數 C	(62)	(59)	(56)	(52)
淨營業活動現金流量 B + C = D	52	43	30	55
淨資本支出淨額 E	(46)	(37)	(65)	(28)

比較方法：A vs. D，孰高
資料來源：作者整理

4. 現金看得到，但大部份摸不到的產業

有些產業的經營模式會讓企業從營業活動中賺取現金的速度遠高於損益表上的獲利數，但是因為所賺取的大部份現金往往必須供再投資之用，以致這種產業賺到的大部份現金，往往看得到但留不住。這些產業包括擴產中的晶圓代工業，例如台積電、英特爾；石油產業，例如殼牌（Shell）、英國石油等。這些產業的共同特徵就是一開始必須花巨資建廠房、買設備等，以致折舊費用偏高。偏高的折舊費用讓企業從營業活動上賺取的現金比損益表上的獲利數高很多。如表 4-9 所示，台積電 2023 年帳上折舊費用高達 5,229 億元，是造成台積電當年從營業上賺取的現金（1 兆 2,420 億元）遠高於當年度稅後淨利（8,378 億元）的主因。但是為了推進先進製程，近年來台積電每年都要花將近 1 兆元在土地、廠房及設備上。這就是為什麼台積電損益表上明明每

年賺錢賺到手抽筋，從現金流量表的營業活動中賺到的現金比日本 311 海嘯還恐怖，但股利率卻奇差無比的主因。

有鑑於資金（股息）回收遲緩，對於需要繼續不斷砸錢的重度資本及技術密集產業，歐美股市給的本益比一向不高。這也是台積電明明營收及獲利不斷攀升，但本益比很少會超過 20 倍太久的主因。所以一旦台積電根據未來一或兩年預期獲利設算的本益比超過 20 倍時，除非台積電大幅提高股息，否則投資人應該要有危機意識。

表 4-9　現金看得到，但大部份摸不到的產業

（不斷投資型的資本密集產業）

單位：億元

台積電	2023 年	2022 年	2021 年	2020 年
稅後淨利 A	8,378	11,169	5,971	5,182
營業活動現金流量 B	12,420	16,106	11,122	8,227
資本支出淨額 C	（9,543）	（10,887）	（8,478）	（5,162）
股息發放數 D	（2,917）	（2,852）	（2,658）	（2,593）

比較方法：A vs. B，孰高、B vs.C + D，孰高
資料來源：作者整理

重點

1. 現金流量表首重營業活動長期現金流量情形，其次是企業資本支出情形。
2. 營業活動現金流是企業獲利品質的根本。營業活動現金流入越多、越穩定，除了可以配發豐厚現金股利之外，還能讓企業在不增資情形下從事擴廠、甚至併購等投資活動。所以現金流量品質會影響股票本益比。
3. 投資活動中的資本支出是企業未來獲利的階梯。適當的資本支出加上穩定的營業活動現金流，特別是這個產業的市場尚未飽和前，會讓股票充滿想像，進一步提高股票本益比。
4. 但如果產業在可預見的未來會一直耗用營業活動大部份現金流，股票的本益比可能會受到一定的壓抑。

CHAPTER

5

一般人不易察覺的財報祕密

本章探討一些財報上含糊其詞甚至不會揭露，
但可能會影響企業獲利以及股價的事項，
讓讀者擁有比別人更多的投資訊息去判斷買入或賣出時間點。

會計屬於社會科學的一環，而且是非常重要的一環。會計的理論基礎與規定會受到制訂或修改當時的政治、經濟與人文的影響，並且會反過來影響當時的政治、經濟、股市甚至企業的營運模式。例如 1992 年美國通用汽車（General Motors）突然出現高達 235 億美元的巨大虧損，一舉輕鬆「打敗」了當時 IBM 及福特（Ford）先後出現並引以為傲的鉅額虧損數字，並且成功奪得當時人類歷史上單一公司年度最大虧損金額的王冠。通用汽車鉅額虧損的原因是，適用美國當時新發布的員工退休福利會計原則所致。

這個會計原則的精神如果套用到我國政府上的話，我國中央及地方政府 2023 年底帳上就會增加約 19 兆元的負債，不用懷疑！大約就是 19 兆元！然後立法院及各地議會可能就會吵成一團，並且不排除再次上演全武行！再如近一、二十年來，企業很喜歡用併購促進企業成長，部份的原因是併購的大部份溢價金額通常不用攤銷為費用，會成為企業萬古長存的資產，以致於完成併購的企業「通常」可以立刻提高 EPS 以及股價，有趣吧！以輝瑞（Pfizer）2023 年財報為例，輝瑞帳上不用攤銷的商譽資產高達 678 億美元，占其 2,265 億美元總資產的 30% ！難道它就不怕被商譽淹死？

因為會計原則制訂或修改，對社會的影響實在太大了，往往會受到當時的政治、經濟以及人心等等層面影響，以致制訂或修改時可能耗時甚久，甚至不能完全公正客觀。例如能讓壽險業財務報表更允當表達的 IFRS 17 號會計公報，國際會計準則理事會（IASB）在 2017 年就頒布了，但是因為影響太大了，全球實施日期一延再延至 2023 年才實施，我國則拖到 2026 年才要正式實施！我想應該會按 IFRS 17 公報 100% 實施吧！？再如 2022 年全球債券價格崩跌，為了讓壽險業的財務報表不那麼難看，政府就「善意的允許」壽險業變更所持大部份債券的會計處理方式，讓壽險業以及持有壽險公司的金控公司這幾年的財報好看很多，並且還能持續發放股息。據筆者不科學以及不深入的民調顯示，這個措施深受廣大股民的愛戴與歡迎！

攻讀自然科學的讀者如果因此就罵會計不科學，不能允當反映企業的經營績效與財務狀況的話，也請您大可不必如此！您想想科學家說的有關宇宙起源、規模等，百年以來已經變了好幾次了，二、三十年來主流的說法是宇宙經由大爆炸演化而來，宇宙年齡大約 137~138 億年。但是最近這個理論和數據隨著韋伯望遠鏡的發射與發現，又讓科學家們一頭霧水的重新思考起宇宙的起源、規模、甚至於時間本質了！所以烏龜就不要笑鱉沒有尾巴了！

回到股價這個令人興奮甚至血脈賁張的正題上，本章我們要探討一些財報上含糊其詞，甚至不會揭露，但可能會影響企業獲利以及股價的事項，讓讀者擁有比別人更多的投資訊息去判斷買入或賣出時間點。有以下四項議題：

一、會計原則瑕疵

二、會計原則變動

三、會計估計改變

四、損益時間選擇

以下我們就逐一來探討這四大議題。

一、會計原則瑕疵

瑕疵一：會計原則制訂得太好

會計原則第一種瑕疵叫做**會計原則制訂得太好，以致於難以執行**。例如企業無形資產中的商譽評價。有關商譽評價以及對股價的影響已經在第 3 章介紹過了，在此便不再贅述。

瑕疵二：會計原則制定得很另類

會計原則的第二個瑕疵叫做**會計原則制定得很另類，讓費用認列的時點變得很有彈性**，以致於影響企業獲利以及負債的合理估算，例如所得稅費用的估列問題。

中華民國萬萬稅！其實不止中華民國萬萬稅，全球各地，除了租稅天堂外，大多一樣萬萬稅。難怪租稅天堂人人，喔！錯了！不是人人，是國國政府喊打！

所得稅費用是指企業的營利事業所得稅，例如企業 2024 年如果賺了 100 億元，按我國營利事業所得稅的稅率是 20%，企業 2024 年就應該承認 20 億元的所得稅費用（雖然這樣說不夠精準，但有助於簡化思考），所以企業的稅後淨利是 80 億元。問題是影響營利事業所得稅課稅的變數有很多，有利企業的變數，例如「資本支出抵減（符合特定項目建廠及設備支出金額的一定比率可以抵減所得稅費用）」、「研發抵減（符合特定項目研發費用金額的一定比率可以抵減所得稅費用）」。如表 5-1 所示，因為符合資本及研發支出的規定，台積電及聯發科 2023 年營所稅稅率均低於正常的 20%。除了這兩項是比較大的抵稅項目外，其他還有一些小項目如加薪抵減、股利所得免稅等等，我們就不提出來添亂了！

表 5-1　2023 年台積電與聯發科營所稅費用及稅率

2023 年	台積電	聯發科
稅前淨利（億元）A	9,792	868
所得稅費用（億元）B	1,414	96
實質稅率 B / A	14.44%	11.06%

資料來源：作者整理

不利於企業營所稅負擔的項目也有好幾個，影響小的或是避稅被抓遭加徵的項目就不提了，我們在此提兩個比較大的項目：首先是保留盈餘加徵 5% 規定，例如前面提到的企業 2023 年獲利 100 億元，在繳交 20% 營所稅後的淨利剩 80 億元，80 億元除非有符合稅法規定的特殊用途如擴廠等，否則這 80 億元在 2024 年必須全數發放股息，未及時發放的金額依規定要補繳 5% 的營所稅。

第二個項目是海外子公司獲利所引發的所得稅問題。為了說明這個問題，我們以台積電赴美設廠為例，假設 2028 年台積電美國子公司稅前淨利是 500 億元（台幣），再假設美國沒有投資抵減下（美國政府有答應給予投資抵減，在此我們假設沒有），台積電的稅後淨利會剩下多少？

如表 5-2 所示，美國聯邦及州營所稅合計在 21%~29% 之間，所以台積電美國子公司的稅後淨利約在 355 億至 395 億元。

表 5-2　赴美日獲利應繳交之營利事業所得稅

項目	美國	日本
營所稅（國稅＋地方）	約 21%~29%	約 35%
外國人股利所得稅	30%	10%（台日租稅協定）
台灣應補繳之營所稅	0%	10%
營所稅合計比率	44.7%~50.3%	約 48%

資料來源：作者整理

由於台美尚未簽訂租稅協定，依美國稅法規定，外國人在美國境內所配得之股利需課徵 30% 股利所得稅率，所以台積電美國子公司 395 億 ~355 億元的稅後淨利從美國匯回台灣時，需課徵 30% 的股利所得稅，所以真正能匯回台灣的獲利數將只剩下 276.5~248.5 億元。

由於美國的股利所得稅高達 30%，高於台灣的 20% 營所稅稅率，為了避免再被剝一層皮，依我國稅法規定，匯回來的錢就不用再課徵台灣的營所稅了！所以台積電美國投資的真正稅後淨利會只有 49.7%~55.3% 左右，也就是 276.5 億 ~248.5 億元左右。也就是說**赴美投資的利益對台積電合併報表的最終營所稅費用應該達 44.7% 至 50.3% 之間**，或是 223.5 億 ~251.5 億元。

場景轉換到日本，假設日本也是 100% 全資子公司，如表 5-2 所示，日本綜合營所稅率高達 35% 左右，但股利所得稅只課 10%，為什麼只課 10% ？因為基於台日租稅協定，有稅大家抽，所以股利所得稅日本就只課 10%，另外 10% 讓台灣以營利事業所得稅的名義課徵！所以日本投資的真正稅後淨利會只有 52% 左右，或是 260 億元左右。也就是說**赴日投資對台積電合併報表的最終營利事業所得稅費用應該達 48% 左右，或是 240 億元。**

然後大家可以回頭查一下表 5-1，台積電 2023 年的所得稅率只有 14.44%。這告訴我們，除非國內外營所稅稅率相同，並且有一致的租稅優惠，還要沒有股利所得稅，否則海外投資的最終所得稅稅率一定會遠高於台灣！

所以我們要記住海外投資所得的稅負有兩層，首先是當地國的營所稅，其次是稅後淨利匯回台灣時，會再被當地國政府課徵股利所得稅；如果當地國的股利所得稅率高於 20%，這一筆利益就不需再繳台灣的營所稅，如果當地國的股利所得稅率低於 20%，就必須將不足 20% 的部份補繳給台灣國稅局。當地國的營所稅會在企業編製合併報表時，被自動滾入合併損益表的所得稅費用中。但是子公司發放股息的股利所得稅和台灣應補繳的營所稅呢？

依會計原則的規定，「……一旦母公司決定該利潤不會於可預見之未來分配時，母公司可以不（必）認列遞延所得稅負債（及所得稅費用）……」。白話文是說，對於海外子公司或分公司的獲利，如果母公司認為不會在可預見的未來讓子公司發放股息，那麼發放股息產生的股利所得稅和台灣可能必須補繳的營利事業所得稅，就不用急著估列相應的所得稅費用。企業不立即估列子公司發放股利所衍生的所得稅費用的好處是，可以提高不少 EPS。

問題是，如果海外投資利益長久不匯回台灣，那赴海外投資幹什麼？這些利益顯然遲早要匯回來，所以這筆**股利所得稅和台灣可能必須補繳的營所稅遲早必須反應在損益表的所得稅費用科**

目中。只是什麼時候？**通常是在企業認為想認列所得稅費用的時候或最終分配並匯回台灣的時候！所以我們有時候就會在某一會計年度發現某公司的所得稅費用莫名其妙的爆漲，並嚴重降低其 EPS。**以上述假設個案為例，沒有人可以明確知道公司什麼時候會認列，會認列所少，例如假設日本的獲利累計 10 年不匯回，這筆潛在的所得稅費用就會達到 130 億元（100 億元 ×〔1–35%〕×20%×10 年）。**所以我們可以說，對於海外投資金額大、歷史久的公司，依會計原則可以不必立即估列的所得稅費用有多少，還真的少有人知道！**

重點

1. 推估所得稅費用很少有人知道該怎麼估算，證券分析師不行，即便是會計師，但在沒有充分資料的情況之下也不知道！
2. 有龐大海外投資的公司，沒有人知道其所得稅費用實質上有沒有（以合規的方式）低估，累計的合規低估數有多少。
3. 分析師通常用「三率（毛利率、營益率及淨利率）」來評估企業的獲利能力，但淨利率受到所得稅費用估列的困難以及營業外收支的不確定性，筆者喜歡用「營收成長率」來取代「淨利率」，形成「新三率（營收成長率、毛利率及營益率）」去推估及衡量企業獲利狀況。

二、會計原則變動

會計原則是衡量企業財務狀況及經營績效的根本大法。會計原則和國家公佈的法令一樣，一旦制定後一般不太會大幅修改。企業財報發生會計原則變動的原因有兩種：

原因一：新會計原則公布

一是為了提供閱讀者更可靠且更攸關的資訊，由會計界耗時、耗力並經過一番辯論後，主動修改特定會計原則，然後要求適用的企業必須遵守這項新規定去編制財務報表。

例如台灣於 2019 年導入 IFRS 16 號會計公報，俗稱「新租賃會計」。這號公報主要的改變是規定企業必須將大部份的營業租賃合約視為融資租賃處理。譬如統一超和房東簽下一個三角窗店面 3 年的租約，依租約規定 3 年租金合計 600 萬元。在導入新公報之前，統一超不用在財報內承認 600 萬元的負債，只需在財報附註中提到，有這個租約以及因此有 600 萬元的租金「承諾」即可。以前為什麼不用在報表內承認 600 萬元的負債？因為這種租約，承租人如果不想租了，通常只要放棄押金即可。但新的公報規定，這類型租約的租金要列為財報中的「資產（使用權資產）」及「負債（租賃負債）」。這一規定下來後，對於承租人損益的影響，幾乎可以略而不計，但是對於重度依賴承租生財設備或不動產的產業，例如租飛機的航空業、租輪船的海運業、租店面的各種通路業以及餐飲業負債比率的影響就不得了了，因為他們必須將這些租約的金額正式列為「資產」（使用權資產）及「負債」（租賃負債），以致他們的負債比率紛紛大幅提高。在台灣有些公司因為此號會計原則讓負債比率變高，而被一些不懂會計原則、租約負債以及產業特性的信評及投資評估單位列為財務堪慮公司，導致信評變差，借貸成本變高，股價也曾出現下跌情形！

從表 5-3 我們可以看到統一超因為「被迫」導入 IFRS 16 號公報，以致 2019 年資產及負債莫名其妙各自增加 675 億元及 688 億元，負債比率也因此由原應有的 64% 拉高到 77%。其他如瓦城 2019 年的負債比率也由原應有的 41% 拉高到 64%。

再如美國 1992 年導入員工退休福利會計原則後，就讓美國很多大企業更加負擔不起工會的「需索無度」，而加速遷往海外，導致美國製造業進一步弱化！再如 2017 年頒布了針對保險業的 IFRS 17 號公報，因為影響太大了，全球實施日期一延再延至 2023 年才實施，我國則拖到 2026 年才要正式實施！這號公報對我國壽險業的影響相當巨大，部份壽險業有可能需要政府協助、增資甚至被併購吧！這些情形，無論那一種都可能會衝擊到企業股價！

重點

當你聽到既有的會計原則要修改時，請花點時間從媒體上或問問周遭的會計學者或會計師，了解其影響，這樣做可以讓自己的投資更安全，更容易獲利！例如喜歡投資金融股的投資人宜盡速深入了解 IFRS 17 號會計原則對壽險業的影響。

表 5-3　統一超 2019 年資產負債表

統一超商股份有限公司及子公司
合併資產負債表
民國108年及107年12月31日

單位：新台幣仟元

	資產	附註	108年12月31日 金額	%	107年12月31日 金額	%
	流動資產					
1100	現金及約當現金	六(一)	$ 45,445,395	23	$ 48,530,648	38
1110	透過損益按公允價值衡量之金融資產－流動	六(二)	1,696,300	1	844,225	1
1170	應收帳款淨額	六(三)及七	5,808,480	3	5,264,573	4
1200	其他應收款		1,460,354	1	1,535,507	1
1220	本期所得稅資產	六(三十)	95	-	1,139	-
130X	存貨	六(四)	15,659,112	8	15,121,657	12
1410	預付款項		1,195,719	1	1,340,225	1
1470	其他流動資產		2,968,350	1	3,004,894	2
11XX	**流動資產合計**		74,233,805	38	75,642,868	59
	非流動資產					
1510	透過損益按公允價值衡量之金融資產－非流動	六(二)	85,565	-	85,683	-
1517	透過其他綜合損益按公允價值衡量之金融資產－非流動	六(五)	807,115	-	845,345	1
1550	採用權益法之投資	六(六)	9,255,939	5	9,000,580	7
1600	不動產、廠房及設備	六(七)(二十八)及八	26,018,322	13	25,292,763	20
1755	使用權資產	六(八)及七	67,489,612	35	-	-
1760	投資性不動產淨額	六(十)(三十二)	1,506,798	1	1,502,159	1
1780	無形資產	六(十一)	10,171,442	5	10,393,880	8
1840	遞延所得稅資產	六(三十)	1,860,217	1	1,727,043	1
1900	其他非流動資產	六(十二)及八	3,699,819	2	3,204,759	3
15XX	**非流動資產合計**		120,894,829	62	52,052,212	41
1XXX	**資產總計**		$ 195,128,634	100	$ 127,695,080	100

(續次頁)

統一超商股份有限公司及子公司
合併資產負債表
民國108年及107年12月31日

單位：新台幣仟元

	負債及權益	附註	108年12月31日 金額	%	107年12月31日 金額	%
	流動負債					
2100	短期借款	六(十四)及八	$ 6,014,658	3	$ 7,237,785	6
2130	合約負債－流動	六(二十四)	3,443,383	2	2,843,189	2
2150	應付票據	七	1,214,702	1	1,866,610	2
2170	應付帳款		20,897,055	11	20,673,579	16
2180	應付帳款－關係人	七	2,690,640	1	2,475,104	2
2200	其他應付款	六(十五)	26,596,505	14	27,954,181	22
2230	本期所得稅負債	六(三十)	1,410,428	1	1,801,229	1
2280	租賃負債－流動	七	11,932,751	6	-	-
2300	其他流動負債	六(十六)	3,149,591	1	3,260,538	3
21XX	流動負債合計		77,349,713	40	68,112,215	54
	非流動負債					
2527	合約負債－非流動	六(二十四)	448,248	-	234,421	-
2540	長期借款	六(十七)及八	508,112	-	847,040	1
2570	遞延所得稅負債	六(三十)	5,580,529	3	5,386,839	4
2580	租賃負債－非流動	七	56,894,287	29	-	-
2640	淨確定福利負債－非流動	六(十八)	4,751,607	3	4,732,549	4
2670	其他非流動負債－其他	六(十九)	4,368,820	2	4,356,989	3
25XX	非流動負債合計		72,551,603	37	15,557,838	12
2XXX	負債總計		149,901,316	77	83,670,053	66
	歸屬於母公司業主之權益					
	股本	六(二十)				
3110	普通股股本		10,396,223	5	10,396,223	8
	資本公積	六(二十一)				
3200	資本公積		46,884	-	45,059	-
	保留盈餘	六(二十二)				
3310	法定盈餘公積		13,314,081	7	12,293,442	10
3320	特別盈餘公積		-	-	398,859	-
3350	未分配盈餘		12,845,880	7	12,064,862	9
	其他權益	六(二十三)				
3400	其他權益		(380,187)	-	53,605	-
31XX	歸屬於母公司業主之權益合計		36,222,881	19	35,252,050	27
36XX	非控制權益		9,004,437	4	8,772,977	7
3XXX	權益總計		45,227,318	23	44,025,027	34
3X2X	負債及權益總計		$ 195,128,634	100	$ 127,695,080	100

後附合併財務報表附註為本合併財務報告之一部分，請併同參閱。

董事長：羅智先　　經理人：黃瑞典　　會計主管：郭櫻枝

~11~

資料來源：統一超 2019 年合併財報

原因二：改用另一種衡量方法

企業財報發生會計原則變動的第二種原因是，有些會計原則允許企業從數種衡量方法中，自選一種方法去適用，當企業面臨必要又有充份理由時，就可以改用另一種衡量方法。例如我國會計原則允許企業帳上的「投資性不動產」可以用「成本模式」或「公允價值模式」去衡量，譬如租出去的辦公室原來是以 1 億元購入，現在依衡量結果，已經價值 2 億元了，如果企業改用「公允價值法」去衡量，那帳上的「投資性不動產」就可以改依 2 億元入帳。例如潤泰全及潤泰新在 2022 年將帳上投資性不動產的評價由「成本模式」改按「公允價值模式」入帳，從而大幅提升資產負債表中的股東權益，並降低負債比率。

通常而言，除非是有新的會計原則發布，導致企業被迫適用新的會計原則，否則很少企業會沒事找事去改變原本引用的會計原則，如果是企業主動改變的話，通常表示「有貓膩」。

例如為了打壓通膨，美國聯準會自 2022 年 3 月起急遽升息，導致長期以來以投資海外長天期債券為主的台灣保險業淨值大減。截至 2022 年 9 月底 22 家壽險業者中，有 7 家壽險公司的淨值已低於 3%的監理紅線，甚至於還有 1 家壽險公司的淨值跌落至負數，相當於三分之一的壽險業都面臨著理論上的財務危機。為了拯救壽險業的「淨值危機」，主管機允許符合規定的壽險業將一些資產改歸類（細節我就不講了），讓改歸類的資產不必用市價來衡量（沒有依慘跌的市價來衡量債券價值，就不必承認損失），從而拯救了壽險業，也解救了投資人，可謂功德再造！並深受投資人歡迎！（不過您是否覺得哪裡怪怪的！）

如表 5-4 所示，據富邦人壽 2002 年財報附註所示，上述資產重分類若未重分類，該公司 2023 年初的股東權益淨值將減少 699 億元。要強調的是壽險業各公司大多如此，富邦人壽並非特例，也不是受傷很重的公司。

表 5-4　富邦人壽 2022 年財報附註

富邦人壽

(九)本公司進行金融資產重分類

民國一一一年以來，以美國聯準會為首之主要央行相繼大幅收緊貨幣政策，使近期股、債、匯市皆歷經史上罕見的全面性劇烈動盪，且利率彈升幅度已屬國際保險資本標準定義之極端情境。因此，本公司依國際財務報導準則第九號「金融工具」及財團法人中華民國會計研究發展基金會於民國一一一年十月七日基秘字第0000000354號函「保險業因國際經濟情勢劇變致生管理金融資產之經營模式改變所衍生之金融資產重分類疑義」之規定，基於外部金融環境重大變動，調整相關管理活動及部分海外債券投資之經營模式，並於民國一一二年一月一日，將本公司帳上部分透過其他綜合損益按公允價值衡量之金融資產重分類為按攤銷後成本衡量之金融資產。

金融資產重分類後，民國一一二年一月一日其他權益增加69,877,356千元，按攤銷後成本衡量之金融資產增加380,841,976千元，透過其他綜合損益按公允價值衡量之金融資產減少293,497,526千元，及遞延所得稅資產減少17,467,094千元。

資料來源：富邦人壽 2022 年財報

重點

當聽到同產業內很多公司或個別公司變更所適用的會計原則時，通常表示這（些）公司可能碰到不順遂的事，藉由改變會計原則可以改善負債比率或獲利狀況，如果之前的股價已反映這家公司之前的不順遂，或許就是入場的機會點。

三、會計估計改變

企業到底賺了多少錢其實很容易計算，那就是等它結束營業後把所有的資產賣掉，把所有負債還清，就知道這家企業從成立至結束到底賺了多少錢！企業到底賺了多少錢有時又很難算，難算的原因是因為股東、銀行、國稅局等單位在沒有結束營運之前，每隔一段時間就想知道公司賺了多少錢，於是企業被迫每隔一段時間就去想辦法「概估」這段時間內到底賺了多少錢？為了概估特定時段內企業到底賺了多少錢，有些收入、成本及費用就只能用估計的方法來計算了！例如會計原則認為廠房和設備應依其經濟耐用年限來攤提折舊費用，於是每家公司都會依其認定的經濟耐用年限做為廠房和設備提折舊費用的基礎，例如微軟（Microsoft）資料中心過去以 4 年來攤提折舊，台積電的機器設備大多以 5 年來攤提折舊。企業的耐用年限標準一旦定下來就不會輕易改變，但問題來了，如果某天企業說根據評估結果，其廠房及設備的經濟耐用年限改變了，所以要改變攤提年限，這下子就有趣了！

例如從超微半導體（Advanced Micro Devices，AMD）分離出來的晶圓代工廠 GlobalFoundries（格芯）2021 年申請上市時，將其主要生產設備的折舊年限由 5~8 年改至 10 年攤提，相對於台積電及聯電的 5 年及 6 年的折舊年限，其修改後的折舊年限可謂長上加長！所以這一改不得了，根據格芯財報顯示，這項修改讓其 2021 年稅前淨損由原來的 804 百萬美元降低至 176 百萬美元，EPS 由原來的 –1.73 元大降至 –0.49 元。這項修改的結果可謂成果豐碩！（參見表 5-5）

再者，微軟於 2023 會計年度（2022 年 7 月 1 日 ~2023 年 6 月 30 日）修改其資料中心的伺服器及 network 設備折舊年限，由 4 年延長至 6 年，這項修改讓其當年度稅後淨利增加 33 億美元[4]，EPS 由原來應有的 2.32 元提高至 2.72 元！隨著 AI 時代來臨，自 2024 年起，微軟每年以資料中心為主的資本支出超過 400 億美元來看，**折舊年限延長 50% 對 AI 時代微軟的獲利幫助將會遠大於 2023 年的 33 億美元**。

---

[4] Saran, C. (2022, July 27). *Microsoft anticipates $3.3bn savings by extending server life.* ComputerWeekly. https://www.computerweekly.com/news/252523221/Microsoft-anticipates-33bn-savings-by-extending-server-life

台灣其實也有公司用比較隱晦的方式延長設備的折舊年限，在此就不方便多說了。

重點

延長折舊年限意謂著獲利品質的下降！對於績效不佳的公司，延長折舊年限往往是其修飾財報的一種手段，投資人千萬不要因為績效不佳的公司延長折舊年限，讓 EPS 增加了，就貿然下場！

表 5-5　格芯會計師查核意見揭露之內容

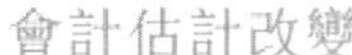

會計估計改變

折舊政策的修改會影響企業損益

Basis for Opinion

These consolidated financial statements are the responsibility of the Company's management. Our responsibility is to express an opinion on the consolidated financial statements based on our audit. We are a public accounting firm registered with the Public Company Accounting Oversight Board (United States) (PCAOB) and are required to be independent with respect to the Company in accordance with the U.S. federal securities laws and the applicable rules and regulations of the Securities and Exchange Commission and the PCAOB.

We conducted our audits in accordance with the standards of the PCAOB. Those standards require that we plan and perform the audit to obtain reasonable assurance about whether the consolidated financial statements are free of material misstatement, whether due to error or fraud. Our audit included performing procedures to assess the risks of material misstatement of the consolidated financial statements, whether due to error or fraud, and performing procedures that respond to those risks. Such procedures included examining, on a test basis, evidence regarding the amounts and disclosures in the consolidated financial statements. Our audit also included evaluating the accounting principles used and significant estimates made by management, as well as evaluating the overall presentation of the consolidated financial statements. We believe that our audit provide a reasonable basis for our opinion.

2021年格芯將設備折舊年限由5-8年延長至10年

Critical Audit Matter

The critical audit matter communicated below is a matter arising from the current period audit of the consolidated financial statements that was communicated or required to be communicated to the audit committee and that: (1) relates to accounts or disclosures that are material to the consolidated financial statements and (2) involved our especially challenging, subjective, or complex judgments. The communication of a critical audit matter does not alter in any way our opinion on the consolidated fina[illegible]

Determination of Useful Life of 300mm Production Equipment

As discussed in Note 3 to the consolidated financial statem[illegible], the Company revised [illegible] estimated useful life of certain production equipment and machinery from a range of five to eight years to ten years. The impact of the revision o[illegible] depreciation expense for the year ended December 31, 20[illegible] amounted to $826 milli[illegible] which included a revision of 300mm production equipment useful life from eight to ten years. Management estimated the useful life of productio[illegible] equipment based on production equipment current use, historical [illegible] future plans and technology roadmaps, as well as an analytical of industry trends and practices.

We identified the determination of useful life of 300mm production equipment as critical audit matter. To evaluate management's judgement in developing the revised useful life of ten years for the 300mm production equipment, we used significant auditor judgement, subjectivity and effort in performing procedures to evaluate the reasonableness of the significant assumptions used in determining the useful life.

The following are the primary procedures we performed to address the critical audit matter. We evaluated the design of certain internal controls related to the determination of the useful life of 300mm production equipment and related data used for that determination. We also tested management's process for developing the ten year useful life and assessed the reasonableness of the significant assumptions used by management, which included (1) testing the completeness, accuracy, and relevance of the underlying data used in management's historical length of service assessment, (2) assessing the Company's future business strategy, technology roadmaps, and planned capital expenditures as compared to historical strategies and current industry practices, and (3) evaluating the completeness, accuracy, and relevance of the useful lives of peer companies used in management's assessment.

資料來源：格芯財報

四、損益時間選擇

會計原則規定：企業的資產如果有減損時應該立刻認列，例如應收帳款如果收不回來的話應該立刻認列呆帳損失，存貨如果因為毀損或過時以致價值減少時也應該立刻承認跌價損失。有關「應收帳款及存貨如何影響股價」請參閱第 3 章。這裡我們要探討，**某些事件引起的損失或利益，企業會擁有承認時點選擇權，面對這些情況，投資人應該如何處理。**

1. 遷廠或停產

企業如果因為業務需要必須遷廠或停產的話，通常會有兩筆損失，首先遷廠或停產都會有資遣全部或部份員工所衍生的費用負擔問題，其次遷廠會讓部份無法遷移的設備及廠房附屬設施價值幾乎歸零，從而產生損失。以上還不包括遷廠期間無法正常營業的相關損失。

以表 5-6 良維為例，該公司基於生產成本及供應鏈關係，董事會於 2023 年決議將深圳廠遷往廣西，因而一次性提列 3.24 億元的遷廠費用，影響 2023 年的 EPS 達 2.1 元。這筆費用的承認是對的！承認時間也是對的！但如果董事會召開及決議的時間是發生在 2024 年的話，依會計原則，這筆損失就必須改列在 2024 年了。如果公司董事會不做正式決議，以逐漸資遣員工、逐漸搬遷，最後再決定舊廠停業的話，這筆損失可能就會分散在2023~2025年間認列了，像良維這樣的做法是值得肯定的！

> **重點**
>
> 當公司因為單一且重複發生機率不高的事件，例如風災、水災、震災，而提列一次性重大損失，並導致股價不合理下跌時，如果該重大損失不影響公司長期正常營運的話，或許是進場的好時機。

表 5-6　良維一次性提列遷廠相關損失

選擇損益時間，良維在第一時間打掉沒有價值的資產

5. 發生緣由：

（一）良穎電子（深圳）有限公司因應深圳城市更新與土地整備計畫暨廠房租約到期，今經董事會決議，依集團營運規劃將原良穎電子的產能移轉至本公司100%持有之子公司 - 廣西自由貿易試驗區良維電子有限公司，以整合、提升集團生產製造績效。

（二）預計2024年底前完成遷廠。遷廠相關費用將於2023年第四季提列一次性損失約人民幣73,273仟元（包含資遣費約人民幣65,557仟元及設備資產減損約人民幣7,716仟元，共折合新台幣約324,014仟元），預估影響母公司2023年合併財務報表每股盈餘（EPS）約新台幣2.10元，實際金額需待會計師查核。

（三）良穎電子擬將可搬遷之生產設備以殘值無價差方式出售予廣西良維，繼續生產使用，約計人民幣37,202仟元。

資料來源：公開資訊觀測站 112/11/10

2. 折舊及攤銷政策

折舊政策是指廠房及設備如何攤提折舊費用？用幾年攤？攤銷政策是指無形資產（例如客戶關係、5G 特許執照權）如何攤銷費用？用幾年攤？台灣大部分企業都是採用直線法（即平均法）提列折舊及攤銷費用，比如按 5 年攤提，每年要提列的折舊或攤銷費用都一樣。至於用幾年攤提就是一門藝術了！比如一項設備原始成本是 3 億元，用 4 年及 6 年攤提的差異在於：

(1) 兩者每年的折舊費用分別是 7,500 萬元及 5,000 萬元，亦即折舊年限較短的企業，每年的折舊費用較折舊年限長的企業高，因為初期的折舊費用較高，其初期的損益會比較不好看。

(2) 但是前者折舊提完了，不再負擔折舊費用，損益表會比還在提折舊的後者好看。

(3) 折舊年限較短的企業透過「先苦後甘」的方法，忍受過前幾年的高成本後，在幾年後會較同業更具成本優勢，亦即折舊年限較短的企業具有較高的競爭力。

據悉，台積電機器設備的折舊年限是 5 年，同業機器的折舊政策有 6 年、8 年、10 年及十多年不等。台積電因為每一個奈米製程都比同業早量產，折舊年限又比同業短，這讓台積電可以對新製程節點（例如 3 奈米）以新節點成本昂貴（折舊費用高）為由，向客戶收取較高的價格，當折舊提列完畢時，台積電甚至能以折舊提足，利潤回饋客戶為由降價競爭，讓還在苦苦提列新製程節點設備折舊費用的同業利潤大減，甚至無利可圖。台積電領先的製程技術搭配較短的折舊政策讓自家公司更具競爭力。

從表 5-7 可以看到，屬於資本密集的「晶圓代工業」，折舊費用占生產成本的比重比一般製造業高，其中台積電的占比高達 53%，遠高於同業，其原因有二：一是台積電新增頗多設備，新設備要提折舊費用，而同業新增設備較少，老設備很多都已提足折舊，不用再提；二是台積電的折舊年限最短，造成折舊費用偏高。

所以對於資本支出高的高科技產業、石化、鋼鐵甚至旅館業，折舊政策不僅是衡量企業損益的方法，還是企業競爭策略的一環。對擁有 4G 及 5G 特許執照權的電信事業，其攤銷政策也是一樣的道理。

表 5-7　折舊費用對晶圓代工業的影響

2023 年	台積電	聯電	格芯（2022 年）	力積電
主要設備折舊年限	5 年	6 年	10 年	10 年＋？
折舊費用（億元）	5,195	369	14.11（美元）	58
銷貨成本（億元）	9,866	1,448	58.69（美元）	387
折舊占製造成本比率（註）	53%	25%	24%	15%

註：此公式不是很嚴謹，但大致可反映各晶圓代工廠折舊費用占製造成本的比重。
資料來源：作者整理

重點

如果某家公司重大資產的折舊或攤銷年限比同業短的話，通常表示該公司的獲利品質比折舊或攤銷年限較長的同業好，公司文化及競爭策略比同業更加紮實，值得給予更高的 PE ratio。

回答讀者提問

大會計師親自回答讀者想破頭，
最想得知答案的財報常見疑問。

Q1：想要讀懂財報，可以從哪個產業的財報開始閱讀比較適合？

建議可以從您比較熟悉或和自己相關的產業開始，比較不會無聊，也更能激發研究動力。其次是對於這個產業的結構性獲利模式比較熟悉，藉此更容易理解，更能夠深入剖析個別公司的結構性獲利能力。另一方面，想要比較邏輯性地了解產業與產業財務報表特性，可以進一步看我寫的《大會計師教你從財報數字看懂經營本質》與《大會計師教你從財報數字看懂產業本質》這兩本書。

Q2：有無一套檢視財報的 SOP 流程，以便系統化了解財報內容？

市面上有很多介紹如何讀懂財報以及如何透過各項指標（這些就是 SOP）去做判斷的會計書籍。這些書籍對於沒有會計背景或有限會計背景的讀者，花時間並且用心去研讀一定會對看懂財報有所幫助。

但如果說要創造一套檢視財報 SOP 流程，只要用這套 SOP 就能了解所有產業和企業狀況，我認為比較困難。原因是會計原則很複雜，更難的是不同產業有不同結構性獲利模式與資產負債結構。例如全家屬於便利商店業，我們不能拿它的結構性獲利模式去和經營超市的全聯相比較，更不能拿它去和經營百貨公司的遠東百貨相比較。此外全家的負債比率接近9成，很多人會認為全家的負債比率偏高，財務狀況屬於高風險，但真實狀況是它的財務結構並不差！

我的意思是，想要透過財報深入了解特定公司，除了會計知識以外，還需要加強產業知識以及企業管理觀念。事實上我之前寫的《大會計師教你從財報數字看懂經營本質》與《大會計師教你從財報數字看懂產業本質》這兩本書和現在這本書，每一本都是同時在講述會計和產業知識，以培養讀者擁有更有系統、更有邏輯的方法深入了解特定公司財報的能力。

再強調一遍，天下沒有白吃的午餐，要怎麼收穫，就要怎麼栽，唯有花時間用心研讀的人收獲會最多。畢竟天道酬勤！

Q3：如何判斷企業併購對獲利的影響？

企業大型併購案對併購公司未來獲利的最終影響往往難以預測！例如如興在2017年併購中國大陸玖地牛仔褲大廠，已經被證明是一場災難，環球晶在2020年底宣布要併購德國世創（Siltronics AG），這項併購案在大家一片叫好之中被德國政府否決，導致環球晶損失數十億元的併購費用。另一方面文曄在

2024 年 4 月成功併購加拿大電子通路商 Futures Electronics Inc.，已經開始取得成效，只是長期的效果有待觀察。由於未來太長遠、太沉重，我們就來談併購案對併購公司股價的短期影響。

通常而言，當你聽到一個併購案時，首先要注意**併購公司是否需要因為併購案而增資？**如果不需要，在正常情況下有 9 成的機會可以提高併購公司的預期 EPS 以及股價，例如大立光 2023 年手上持有超過 1,000 億元現金，這些現金每年只有約 4% 的利息報酬，所以只要大立光併入的公司能為大立光賺取 4% 以上的報酬，這個併購案就是一個會立刻提高 EPS 的案子。至於如何得知需不需增資？會賺多少錢？首先看併購公司的資產負債表，除了大立光以外，如聯發科、瑞昱、研華、台積電等都是資產負債表健康的企業！此外對於大型併購案，媒體及券商會比投資人更興奮，媒體及券商通常會在第一時間大肆報導公司的意向、資金來源以及預期併購效益等，接下來券商也會正式出具研究報告供投資人參考。

其次是**不需增資但需要借款的併購案**，只要併購公司借得到錢且不損及財務穩健性，那情況甚至會比大立光的案子更好，因為現在的銀行借款利率只有 2% 左右，發行公司債只有 1% 多，顯然比大立光的 4% 機會成本低喔！例如文曄併購加拿大 Futures 案一開始的消息是透過借款，不需增資，文曄的股價也就一漲再漲。

如果併購案需要增資，那就需要重新審視併購效益了！畢竟增資或多或少會稀釋 EPS，例如文曄的併購案後來演變成需要增資，預估的 EPS 因此有所下滑，當然會損及股價。

其實很多併購案往往會因各國政府反對而不幸夭折，很多成功完成的併購案，併購效益事後往往或多或少會有點下調，所以投資併購題材股要懂得擇機上場，也要懂得見好就收。

Q4：如何判斷高價股是否可以投資？

很多投資人不敢投資高價股，認為高價股如果下跌或套牢，損失會特別慘重！問題是什麼樣的股價算是高價股？高價股失利的話真的會損失特別慘重嗎？

我們先來談談高價股，有一些人認為每一股股價超過 200 元的算是高價股，有些人認為每一股股價超過 500~600 元的股票才算是高價股，有些承受度更高的人認為超過 1,000 元的股票才算是高價股。其實不管是超過 100 元還是 1,000 元算是高價股的觀念，都存在四個邏輯上的誤區。

誤區一：認為所有股票的面額都是 10 元

例如某支股票的價格超過 200 元，是面額的 20 倍以上，所以算是高價股。問題是，誰告訴你股票的每股面額都是 10 元的？以長華為例，長華的股票面額是 1 元，但 2024 年 8 月 7 日長華的收盤價是 42.8 元，是面額 1 元的 42.8 倍，但因為收盤價只有 42.8 元沒有超過 200 元，不算是高價股，豈不怪哉？其他如每股面額 2.5 元的矽力 -KY，其 2024 年 8 月 7 日的收盤價是 401 元，是面額的 160.4 倍，是不是更奇怪！所以我們用股票價格來定義是否為高價股並不合適。

誤區二：認為高價股下跌時，會比低價股下跌時的損失更大

例如台積電由 1,000 元跌到 900 元時，一股會損失 100 元，如果買一張台積電股票就會損失 10 萬元。反之如果買的是聯電，當聯電由 58 元跌到 52.2 元時，同樣是下跌 10%，一張聯電股票只會損失 5,800 元。問題是這樣的比較是不當的類比，因為我們不能用 100 萬元投資台積電和用 52,000 元投資聯電，然後來比較誰的投資損失或利益比較大，而是應該各用相同的金額，例如各投資台積電和聯電 100 萬元，然後來比較投資損益才對。而這時如果同樣損失 10%，雙方的投資損失其實是一樣的！

誤區三：高價股容易下跌

原因是大多數高價股是高獲利也就是高 EPS 撐起來的，但長期維持高 EPS 不容易，也就不容易長期維持高股價。這個想

法有道理，但不全然是對的！為什麼？因為**EPS 高的公司並不一定是高獲利的公司！**

在台灣，很多高 EPS 的公司不是他們特別會賺錢，而是因為他們的股本很小，但保留盈餘（歷年賺的錢但未發給股東的金額）及資本公積（大部份是增資時每股收到的錢超過公司股票面額的金額）很大所致。如表 6-1 所示，大立光 2023 年的 EPS 最高，股價也最高，但是 ROE 最低，也就是股東權益報酬率最低。大立光 EPS 這麼高是因為股本非常小，只有 13.3 億元所致。但大立光 2023 年的平均股東權益高達 1,603 億元，換句話說大立光是用股東 1,603 億元的資源來賺到 179 億元的。**EPS 是決定股價最重要的要素，ROE 是衡量公司經營團隊賺錢效率的指標。一個 ROE 不高，但是因為股本小，導致 EPS 及股價都高的股票不能被稱為高價股，因為這家公司可能只有賺到合理或微薄的利潤而已，能夠成為高價股，純粹是美麗的誤會。**

誤區四：ROE 高導致 EPS 高的高價股容易下跌

既然「ROE 低，但 EPS 高的高價股」不應被劃為高價股，那麼「ROE 高，導致 EPS 高的高價股」應該算是高價股了吧！筆者認為如果我們以股價是否容易大跌的風險來看的話，要先了解 ROE 高的原因，才能決定是否為高風險的高價股票。

通常而言，能夠長期保持高 ROE 的公司往往是擁有獨占、品牌形象、經濟規模、技術、專利、競爭策略、公司組織文化等一個或多個競爭優勢，從而建構出堅實的結構性獲利能力的公司。這種公司除非它的結構性獲利能力被破壞，否則高 ROE 及 EPS 的情況不會在短期內瓦解，例如統一超全台擁有 7,000 多個店面，雖然受到全家甚至跨界而來全聯的競爭，但統一超**以 7,000 多個店面的規模、開關店的能力、商品鋪設及週轉能力、服務能力（如各項代收與遞送服務等能力）以及強大的資訊系統**等所打造出來的堅實結構性獲利能力，讓它的 ROE 長期以來大多時間都是如表 6-1 所示的 4 家公司之首。像統一超這種公司也屬於高價股，但是屬於股價不易重挫的高價股。

其實**風險高的高價股**有兩種類型，**一是站在風口的公司**，也就是在大風來時，被風吹起來的豬，例如很多公司在疫情期間因為供需失調，訂單接不完，疫情過後需求減弱，股價就被打回原形，這就是站在風口上的豬。其次是 **PE 倍數很高的公司，當一家公司的本益比高於同業很多，又找不到堅實理由，這種股票往往是消息面的中小型股，或是做手在操盤的股票**，例如因為 AI 伺服器需要強而有力的散熱裝置，於是市場出現了很多散熱高價股，但是海水最終會退潮，最後應該只會有少數公司如奇鋐等勝出，我們要擔心防範的高價股屬於這類型的股票。

表 6-1　EPS 與 ROE

2023	台積電	聯發科	大立光	統一超
歸屬母公司的獲利（億）A	8,385	770	179	106
股本（億）B	2,593	160	13.3	104
平均股東權益（億）C	32,023	4,041.50	1,603	371.5
平均每股淨值（元）（C/B）x10	123.5	252.6	120.5	35.7
EPS（元）（依財報）	32.34 3	48.51 2	134.13 1	10.21 4
2024.8.07 股價（元）	920 3	1,150 2	2,775 1	280.5 4
ROE x A/C	26.20% 2	19.1% 或 1.91 元 3	11.2% 或 1.12 元 4	28.5% 或 2.85 元 1

註：紅字數字表示該項目之排名
資料來源：作者整理

最後補充一點，大立光是具有非常堅實結構性獲利能力的公司，ROE 低是被帳上高達 1,000 多億元，效用卻不怎麼大的現金所害的，如果大立光願意像聯發科一樣多發股息給股東，大立光的 ROE 會很高。

Q5：如何查找各個產業的毛利率？

市面上有些研究或統計機構會出具所謂產業毛利率、營業費用率、營益率及淨利率的統計報告。這些統計報告常因歸類不當，把不同產業或是同產業內規模不相當的公司彙總在一起，例如將「直營店」為主的瓦城及以「加盟店」為主的八方雲集歸類在同一個產業，然後將瓦城的 52% 毛利率和八方雲集的 35% 毛利率相比較，以致於很多統計數據不具參考意義。我建議有心投資的讀者不妨自己彙集相同產業、產品大致雷同公司的相關數據。**透過自行整理可以增加產業知識，了解產業內不同公司的結構性獲利能力，甚至可以據以推估不同公司未來的獲利預期**。例如為了幫學員上課，我整理了電子六哥的主力業務以及結構性獲利能力，如表 6-2 及表 6-3，讓我也更進一步了解電子代工產業、六哥未來各自發展、甚至未來的獲利預期。

表 6-2　電子六哥結構性獲利能力排名

單位：億元

2023 年	鴻海	和碩	廣達	仁寶	緯創	英業達
營業收入	61,622	12,568	10,856	9,467	8,671	5,147
毛利率	6.3%	3.7%	7.8%	4.5%	8.0%	5.1%
營業費用率	3.6%	2.5%	3.8%	3.2%	4.8%	3.7%
營業利益率	2.7%	1.2%	4.0%	1.3%	3.2%	1.4%
稅後淨利	2.5%	1.4%	3.7%	1.0%	2.1%	1.2%
EPS（元）	10.25	5.9	10.29	1.76	4.08	1.71
ROE	9.7%	8.5%	22.3%	6.5%	11.4%	10.2%

資料來源：作者整理

表 6-3　電子六哥主力業務及毛利率

2023 年	鴻海	和碩	廣達	仁寶	緯創	英業達
營業收入（億元）	61,622	12,568	10,856	9,467	8,671	5,147
主要代工業務	All（PC/NB 整機少）	Mobile Phone PC/NB	Server PC/NB	PC/NB	Server PC/NB	Server PC/NB
毛利率（%）	6.3%	3.7%	7.8%	4.5%	8.0%	5.1%
毛利率狀況	中間	低	高	低	高	次高
代工整體毛利率：伺服器＞筆電及手機 ：新業務／新品＞舊產品 鴻海營收＝電子五哥營收總合＋ 14,913 億元						

資料來源：作者整理

Q6：該如何判斷無形資產或專利對公司的價值？

「你的親人對於你到底值多少錢？」對於這個問題，很多人會回答：「他們對我來說是無價的！」無價實在是一個很有趣的詞彙，它可以解釋成一點價值也沒有，甚至是擺脫不掉的累贅；也可以解釋成沒有市場價格可供參考，所以怎麼算也算不清楚！最高尚的解釋是無限大的價值！上述例子基本上說明了，判斷及衡量公司的無形資產與專利價值時，我們可能面臨的困境。

企業的無形資產通常包括但不限於專利、專門技術、電腦軟體、品牌價值、文化、客戶群、員工素質以及商譽等等。**這些無形資產基本上可以分為兩部份：一部份是資產負債表上有記載的，另一部份是資產負債表上未記載的。**為什麼會沒有被記載呢？因為依據會計原則規定，**只有有辦法衡量的資產才會被記錄在資產負債表上**，例如台積電研發 CoWoS 技術時一定花了很多研發費用，等到研發出來後，因為實在無法客觀計算清楚當初的研發費用中有多少和 CoWoS 技術的成功有直接關聯，也不知道 CoWoS 技術到底值多少錢，所以對不起，CoWoS 技術的價值沒有辦法被承認在帳上。可笑的是，唯一會被承認價值並且列為無形資產的，通常只有申請專利所花的幾十萬或幾百萬元的專利註冊費。這也說明了，截至 2023 年年初台積電高達 5.7 萬件全球專利的價值，被列為無形資產的金額微乎其微。

一旦明白了只有可以被衡量的無形資產才會被列為無形資產之後，就可以進一步了解企業自己花高額代價發展出來的技術、品牌、文化等無形資產絕大部份都不能列入資產負債表中的無形資產。真正被列入無形資產的大多是企業向外購買的專利、電腦軟體、專門技術、經營特許權，以及透過併購交易而產生的商譽等。因為**只有從外界購入，透過交付花花綠綠的鈔票，才能佐證這項無形資產是可以被衡量的**。

更可悲的是現金、應收帳款、存貨、大部份的投資等資產，大多可以輕易的直接或間接衡量其現金價值，但是不管帳上有列帳還是沒列帳的無形資產，不管當初買入的無形資產是如何的銀貨兩訖，隨著時間流逝，科技進步、組織改變、人心變化，我們會很難衡量無形資產後續的價值，這應該是為什麼會有人詢問如何判斷無形資產以及專利價值的原因吧！

無形資產的價值難以衡量！唯一可以衡量無形資產價值的方法是透過「交易」，也就是「把它拿出來賣」，透過真正的成交價格來確定其「當下的價值」。至於找人鑑價，如果買賣雙方心中的價格相距不大，鑑價師至少可以找出 10 種方法算出並證明雙方都同意的價格 (區間) 是合理性的，如果買賣雙方的心理價格相差太大，任何方法都鑑不出合理的價格！

Q7：IC 設計業和一般科技業的毛利率區間多少才算正常？

為了幫股東及員工賺取最大的利益，所有的企業都會盡可能的賺取最高的毛利率，例如「美國股份有限公司」的「美元」這項產品，毛利率就非常的高，高到近乎 100%。

我們撇開具有堅實結構性獲利能力從而賺得盆滿缽滿的不正常高獲利公司，用正常獲利的角度來看毛利率，通常毛利率是被營業收入、營業費用、常態性發生的營業外收支（例如利息費用）、所得稅費用以及合理的股東權益報酬率所制約的。怎麼說呢？

1. 通常而言，資本支出大，但相對營業收入小的行業，毛利率一定要高，否則就很難賺到合理的利潤（ROE）。這就像高檔法國餐廳的裝潢、店租、廚師、服務人員支出都比一般餐廳高很多，偏偏一張桌子每晚的翻桌率頂多就只有一次，所以餐費會很貴，以賺取足夠的毛利去滿足餐廳的裝潢、店租及服務人員等開支以及股東的合理利潤。電子業中因為資本支出以及股東權益均高，以致需要高毛利率的就是**台積電**，如表 6-4 所示。台積電的毛利率如果低於 40%，會很難滿足先進製程支出以及股東權益合理報酬率的需求。反之不從事先進製程的聯電等晶圓代工業者只需 30% 的毛利率，就能輕鬆滿足合理的股東報酬率以及例行的擴廠需求了。
2. 反之，資本支出小，但相對營業收入大的行業，毛利率不用太高就能賺到合理的利潤（ROE）。這就像平價餐廳的裝潢、店租及服務支出都比一般餐廳低，這種餐廳只要來客人數夠多，只要很低的毛利率就可以賺到合理的利潤。電子代工業以及電子流通業就屬於「高營收、低毛利率」的產業（表 6-4）。通常而言，電子代工業的毛利率區間在 3.5%~7% 之間，只要超過 7%，且推銷費用率正常的話，通常就代表會大賺了。
3. 另一種情形是 IC 設計業，有別於營業費用率只有 10%

左右的晶圓代工業，以及營業費用率低到只有 4% 左右甚至更低的電子代工業，IC 設計業的研發費用率非常高，研發費用那麼高，主要是一顆 IC 的經濟壽命往往只有 3 年左右，平時若不拼命砸錢開發新晶片，就不會有未來。所以 IC 設計業研發費用率越高，就必須有越高的毛利率，才能賺到合理利潤（ROE）（參見表 6-4）。

以上的例子主要在說明一個觀念：毛利率是被營業收入、營業費用、常態性發生的營業外收支，例如利息費用、所得稅費用以及合理的股東權益報酬率所制約的。當一家公司的 ROE 在 8%~15% 之間時，如果營業收入、營業費用率、常態性營業外收支、所得稅率都沒有異常的情況下，代表這家公司的毛利率符合正常水準。

表 6-4　晶圓代工業、電子代工業、電子流通業及 IC 設計業毛利率

單位：億元

2023 年	台積電	鴻海	大聯大	聯發科
毛利率	54.4%	6.3%	3.8%	47.8%
歸屬母公司稅後淨利	8,385	1,421	81	770
平均股東權益	32,023	14,718	824	4,042
ROE	26.2%	9.7%	9.8%	19.0%

資料來源：作者整理

Q8：IC 設計業和科技業的研發費用率幾 % 才算是正常的呢？

研發費用如果太高，會立刻損及企業當下的利潤，不利於公司當下的股價以及管理階層的獎酬，研發費用如果太低，會損及公司未來的競爭力，但可以提高企業當下的利潤，有利於公司當下的股價及管理階層的獎酬。所以研發費用的多寡對於所有企業都是愛恨交加、天人交戰的事。

研發費用的多寡可以用三個層次來決定。最高層次是公司的願景與策略，也就是根據公司想要滿足（未來）客戶需求的目標與時程，依照策略地圖不計代價去研發。這種層次通常是公司面臨或是意識到巨大的商機或危機，例如 ChatGPT 出現後讓 5 大 CSP 公司（4 大 CSP：亞馬遜網路服務〔AWS〕、微軟 Azure、Google Cloud Platfrom〔GCP〕和阿里雲，再加上蘋果）意識到巨大的商機與危機；另一種情形是公司出現一個有理想的鐵頭 CEO，也會不顧後果的加大研發投入，當然前提是公司有錢，並且董事會也同意才做得到，例如美國電動車大廠特斯拉（Tesla）。

第二層次的研發費用通常是依據產業標準以及公司的產品狀況去衡量，表 6-5 就是現今電子代工公司以及 IC 設計公司大致的研發費用率。從表中可以看出電子代工業的研發費用率較一致，IC 設計業的研發費用率較為離散。事實上，我們可以把表中的 IC 設計業分成三群：首先是聯發科和瑞昱，這兩家的產品線比較廣，研發費用率因而較高；其次是以趨動 IC 為主的聯詠和以高速傳輸 IC 為主的譜瑞，這兩家的產品線比較集中，研發費用率居中；最後是以 ASIC（專用集成電路）為主的創意和世芯，這兩家公司大部份的研發工作是去幫客戶設計晶片（不然也不會被稱為 ASIC 業）並收取報酬（營業收入），幫客戶設計晶片的研發費用依會計原則必須列為營業成本，所以他們的研發費用率和毛利率往往是最低的。

表 6-5　電子代工及 IC 設計業研發費用率

2023 年	鴻海	和碩	廣達	仁寶	緯創	英業達
研發費用率	1.9%	1.3%	2.1%	2.0%	2.8%	2.2%
2023 年	**聯發科**	**瑞昱**	**聯詠**	**譜瑞**	**創意**	**世芯**
研發費用率	25.7%	27.7%	15.21%	18.7%	11.8%	5.1%

資料來源：作者整理

第三層次的研發費用是公司面臨利潤或是財務壓力，以致盡量減少研發費用的公司。如表 6-6 所示，從事 Dram 的茂德由於經營不善，在 2011 年聲請重整前，研發費用不斷減少，這當然是不可取的。

表 6-6　茂德重整前，研發費用率不斷減少　　單位：億元

	99 年	98 年	97 年	96 年
研發費用	12	16	31	34
營業收入	228	101	308	479
研發費用占營業收入比重（%）	5.26%	15.84%	10.06%	7.10%

資料來源：作者整理

Q9：企業如何建構好的結構性獲利能力？

財報所呈現的數字是企業結構性獲利能力良窳的具體結果，財報沒有辦法主動改善企業的結構性獲利能力，但是企業決策者可以從財報中看出企業有沒有優異的結構性獲利能力；如果沒有，是哪裡有所不足？然後想辦法去改善或補強。例如《商業周刊》曾報導仁寶的一些問題，從財報中我們可以發現仁寶的問題有：以筆電為主的代工業務使毛利率長期以來一直偏低（參見表 6-2），研發費用長期以來比同業低（參見表 6-7），偏高的應收帳款天數耗用公司過多資源（參見表 6-8）等問題。由於仁寶每季的應收帳款天數常維持在 70 幾天，如果能將應收帳款天數從 70 幾天改善到同業的水準，例如全年的應收帳款天數降至 50 天，仁寶就會多出約 600 億元的現金，用這 600 多億元現金可以做很多事，例如減資來提高 EPS，也可以用這 600 多億元來買美債，以現在的利率水平，一年應該可以增加 20 多億元的淨利，EPS 提高 25% 以上。

表 6-7　電子代工六哥研發費用比較

單位：億元

	5 年合計	2023 年	2022 年	2021 年	2020 年	2019 年
鴻海	5,160	1,110	1,143	1,051	941	915
和碩	790	159	160	156	167	148
廣達	951	233	213	186	168	151
仁寶	829	191	179	165	152	142
緯創	1,049	239	250	208	190	162
英業達	532	113	121	106	97	95

資料來源：作者整理

表 6-8　電子六哥應收帳款及存款天數

科目	鴻海	和碩	廣達	仁寶	緯創	英業達
期末應收帳款（億元）	8,723	1,549	2,599	1,937	1,212	922
4Q 營業收入（億元）	18,521	3,422	2,879	2,417	2,306	1,280
應收帳款天數（天）	43	42	83	74	48	66
期末存貨天數（天）	7,308	1,056	1,238	951	1,197	599
4Q 營業成本（億元）	17,388	3,291	2,647	2,304	2,092	1,207
存貨天數（天）	39	30	43	38	52	46
合計天數（天）	92 天	72 天	126 天	112 天	100 天	112 天
存貨及應收帳款占資產比率（%）	41%	47%	56%	66%	54%	48%

資料來源：作者整理

Q10：如何推估利率波動對負債比率很高公司損益的影響？

受利率波動影響比較大的產業或企業通常是需要借很多錢的產業或企業，不需要借錢的產業或企業受到的影響會比較少。然後很多人就會想當然耳的認為負債比率高的產業或企業，就是受到利率波動比較大的產業或企業。這個觀念不對！

通常而言，企業的負債可分為三種。

第一種：不需要付利息的負債

例如應付供應商的「應付帳款」、應付員工薪資及獎金的「應付費用」、應付設備供應商的「應付工程款及設備款」以及應付政府的「應付所得稅」「遞延所得稅負債」……等。這些負債科目之多實在是族繁不及備載！所幸的是這些因為企業營運所衍生出來的負債是不用支付利息的！如表 6-9 所示，承造無塵室的漢唐，2023 年的負債金額達 340 億元，占總資產的比率高達 73%，可是 340 億元的負債裡只有 32 億元來自銀行借款，主要原因是負債中有高達 194 億元來自合約負債，白話文叫「預收工程款」，這種負債當然是不用付利息的。

表 6-9 漢唐負債比率

2023 年	金額（億元）	百分比（%）
付息負債	32	9%
租賃負債	2	1%
不需付息負債	306	90%
負債總額	340	-
負債占資產比率	-	73%

資料來源：作者整理

第二種負債：財報上顯示要支付利息，實際上不需支付利息的負債

有一種負債是財報上會出現利息費用，但實際上卻不需要付利息的負債，這種負債叫做「租賃負債」。例如企業租店面做生意，租期 5 年，5 年租金合計 1,000 萬元，依會計原則，這 5 年的租金必須承認為「使用權資產」及「租賃負債」，但承認的金額不是 1,000 萬元，而是 5 年 1,000 萬元租金的現值。為了簡化計算起見，我們假設 5 年的租金是租期屆滿後才一次支付，這家企業向銀行新增借款的利率是 2%，那企業要承認的「使用權資產」及「租賃負債」是 906 萬元（1,000 萬元除以 1.02 五次），這 1,000 萬元和 906 萬元間的差額就是 5 年內必須承認的利息費用，例如第一年的利息費用是 18 萬元左右（906 萬元╳ 2%），這個利息費用會讓租賃負債逐年增加到 5 年後剛好是 1,000 萬元。另一方面 906 萬元的使用權資產要分 5 年攤提，每年的折舊

費用是 181.2 萬元（906 萬元／ 5 年），5 年後剛好攤提到 0。總之這 5 年 1,000 萬元的租金會以折舊費用加上利息費用（財務成本）出現在財報上。

如果讀者看不懂或是覺得很怪的話，那就對了！誰叫你不好好學習會計，以致於不了解會計原理的奧妙與偉大！對於不了解也不喜歡這種會計規定的讀者，只要記住一件事，因為租賃而引起的不太像利息費用的利息費用，在租約開始時就被固定了（本例是假設 2%）。所以利率的波動和公司無關。如表 6-10 所示，到處租店面的統一超和全家，帳上的租賃負債都占了負債總額的 40% 以上。

表 6-10　統一超及全家 2023 年負債　單位：億元

2023 年	統一超		全家	
	金額	百分比	金額	百分比
付息負債	199	9.5%	42	6.3%
租賃負債	927	44.2%	306	45.7%
不需付息負債	969	46.3%	321	48.0%
負債總額	2,095	100.0%	669	100.0%

資料來源：作者整理

第三種負債：主要是向銀行借款、發行票券或公司債的負債

這些才是必須要支付利息的負債。發行票券或公司債的票息通常是固定的（只有極少數是浮動的），不受升息影響，所以真正會受到升息影響的通常只有銀行借款。評估升息對企業影響的方法是每當央行升息，例如一碼（0.25%）時，以其和銀行借款金額相乘就可以得出升息大致的影響數。至於美元借款、人民幣借款利率是否調整，就要參考該國的利率政策了。

以上是介紹負債是否需支付利息及其影響。以下我們介紹產業及特定公司受利率波動的影響情形：

1. 利率提高受益的產業或企業

- **商業銀行**：銀行業的商業模式主要是透過吸收短中期存款，然後運用這些錢從事放款或投資以賺取利差及投資利益。但即便是將資金用於投資，大部份投資也是投入貨幣市場。當央行透過各種手段升息時，快手快腳的銀行會在央行升息前後快速的調高放款利率，對於存款利率的調整相對的會比較慢，亦即存款利率的提升會與放款利率的提升存在一段時間差。**所以在升息循環終結前，大部份商業銀行因為存放款利差擴大，獲利會增加。反之在降息循環終結前，銀行的獲利能力通常會被削弱**。除非個別商業銀行在服務業務（有手續費收入）及投資業務上非常出

眾，才可能打破利率波動對獲利影響的魔咒。

• **債信良好又懂得財務操作的企業：**有一些績優公司，債信被銀行評為 A 級以上，它們的融資成本很低，即便在 2024 年 8 月，它們的銀行借款利率甚至不到 2%，發行公司債的利率更只有 1% 左右，這種公司往往可以在升息循環或國內外利率不同時大發其財，表 6-11 是幾家賺價差的常客公司。

表 6-11　常利用利率差異賺取價差的公司

單位：億元

	台積電	鴻海	和碩	廣達
現金及短投	16,877	13,492	1,099	2,128
付息負債	9,276	9,206	962	1,748
淨額	7,601	4,286	137	380
利息收入	603	817	49	106
財務成本	（120）	（655）	（29）	（89）
利息收（支）淨額	483	162	30	17

資料來源：作者整理

• **錢太多的企業：**對於資金雄厚又無處運用的企業，國內或美國的升息循環對他們來說是有利的。如表 6-12 所示，可成在出售大陸子公司後，高達 1,500 億元左右的龐大現金在等待新的投資機會時，恰逢美國升息，可成於是又向銀行借了幾佰億元，合計 2,000 多億元的資金一起投入賺取高額利息或利差的偉大事業中，而皇天也不負苦心人，該公司 2023 年共賺取 92 億元的淨利息收入，占該公司稅前淨利的 74.8%。

表 6-12　資金雄厚公司利用升息循環賺取利差　　單位：億元

2023 年	可成		大立光	
	金額	百分比	金額	百分比
現金及約當現金	425	16.6%	1,075	55.1%
除權益法以外之各項投資	1,841	71.8%	255	13.1%
其他資產	298	11.6%	621	31.8%
資產總計	2,564	100.0%	1,951	100.0%
利息收支淨額 A	92	74.8%	39	17.6%
利息以外之淨收益 B	31	25.2%	182	82.4%
稅前淨利 A+B	123	100.0%	221	100.0%

資料來源：作者整理

2. 因利率提高而受害的產業或企業

・**租賃業：**租賃業的商業模式是透過向銀行借款或自行發行公司債的方式籌集資金，然後將這些資金放貸給銀行不便或不願承接的客戶，換句話說，租賃業的商業模式也是賺取利差的業務。另一方面租賃業與大部份客戶簽訂合約的利率是固定的，或至少一段時間內是固定的，但向銀行借款的利率卻是浮動的，所以在升息循環終結前，利差收入（利息收入－利息支出）通常會弱化，反之在降息循環終結前，利差收入是好的。所以**租賃業的獲利能力受利率波動的影響與銀行業剛好相反。**

• **電子通路業**：半導體產品價格昂貴，但是電子通路業在經營上受到上游 IC 設計業以及下游電子代工廠及模組廠的雙重擠壓，以致於毛利率不高，為了賺取足夠利潤，通常會採用高槓桿的方式經營，如表 6-13 所示，電子通路商的負債中向銀行借款或發行公司債的比率一向比較高，所以經營績效會受到利率的大幅影響。

表 6-13　電子通路商向銀行借款或發行公司債一向較高　單位：億元

2024 年 6 月 30 日	大聯大		文曄	
	金額	百分比	金額	百分比
付息負債	1,339	48%	1,154	38%
租賃負債	26	1%	22	1%
不需付息負債	1,399	51%	1,853	61%
負債總額	2,764	100%	3,029	
負債占資產比率		73%		76%

資料來源：作者整理

• **重度資本密集產業**：重度資本密集產業如航空與海運的運輸工具價格昂貴，但是運費收入的回收比較慢，所以運輸產業向銀行或租賃公司舉借的金額通常很龐大；建設業通常是 project base，向銀行借款去購置建地及建房的金額也不小；公共事業如台電、台水、台電及中油等，因為基礎建設金額龐大、政府不願過度調漲費率，加上政府無力大舉增資，所以向銀行借款的金額也會越發龐大。如表 6-14 所示，台電各項借款總額逐年成長，2023 年底已高達 1 兆 5,187 億元，應該是台灣金融業以外，向外借款最高的企業吧！另一方面如果讀者有空的話，可以透過公開資訊觀測站去看看台電的財報，然後準備迎接台電調漲電價，並注意哪些產業會受到重大影響。

表 6-14　台電借款及利息支出

單位：億元

	2023 年	2022 年	2021 年
借款總額	15,187	14,094	10,818
利息支出	281	208	183

資料來源：作者整理

國家圖書館出版品預行編目（CIP）資料

大會計師教你從財報看懂投資本質 / 張明輝著 . --
初版 . -- 臺北市：城邦文化事業股份有限公司商
業周刊 , 2024.11
面；　公分
ISBN 978-626-7492-68-0（平裝）

1. CST：財務報表　2. CST：財務分析　3. CST：投資

495.47　　113015266

大會計師教你從財報看懂投資本質

作者	張明輝
商周集團執行長	郭奕伶
商業周刊出版部	
總監	林雲
責任編輯	盧珮如
封面設計	葉馥儀
內文排版	中原造像股份有限公司
出版發行	城邦文化事業股份有限公司 商業周刊
地址	115 台北市南港區昆陽街 16 號 6 樓 電話：（02）2505-6789　傳真：（02）2503-6399
讀者服務專線	（02）2510-8888
商周集團網站服務信箱	mailbox@bwnet.com.tw
劃撥帳號	50003033
戶名	英屬蓋曼群島商家庭傳媒股份有限公司城邦分公司
網站	www.businessweekly.com.tw
香港發行所	城邦（香港）出版集團有限公司 香港灣仔駱克道 193 號東超商業中心 1 樓 電話：（852）2508-6231　傳真：（852）2578-9337 E-mail：hkcite@biznetvigator.com
製版印刷	中原造像股份有限公司
總經銷	聯合發行股份有限公司　電話：（02）2917-8022
初版 1 刷	2024 年 11 月
初版 9.5 刷	2025 年 1 月
定價	380 元
ISBN	978-626-7492-68-0（平裝）
EISBN	9786267492666（PDF）／ 9786267492673（EPUB）

金商道

The positive thinker sees the invisible, feels the intangible, and achieves the impossible.

惟正向思考者，能察於未見，感於無形，達於人所不能。——佚名